点亮地下明灯

陈颙院士自叙

科学出版社

北京

内 容 简 介

本书共有六章，分别叙述了陈颙院士的求学经历，从事天然地震研究、人工震源研究、岩石物理学研究，以及管理工作时所经历的事件，充分展现了作者对科学、对人生的探索和思考。

本书文字通俗易懂，有较高的科学性、思想性，适合不同层次的普通读者及科学史研究人员阅读，同时也适合从事地震、减灾、岩石物理学相关工作的各级领导和管理人员参考。

图书在版编目（CIP）数据

点亮地下明灯：陈颙院士自叙 / 陈颙著 . — 北京：科学出版社，2022.12
ISBN 978-7-03-073965-0

Ⅰ . ①点… Ⅱ . ①陈… Ⅲ . ①地球物理学 – 文集 Ⅳ . ① P3-53

中国版本图书馆 CIP 数据核字 (2022) 第 221420 号

责任编辑：韩　鹏　张井飞／责任校对：何艳萍
责任印制：霍　兵／书籍设计：北京美光设计制版有限公司

科学出版社 出版
北京东黄城根北街 16 号
邮政编码：100717
http://www.sciencep.com

北京中科印刷有限公司 印刷
科学出版社发行　各地新华书店经销

*

2022年12月第 一 版　开本：720×1000　1/16
2024年3月第三次印刷　印张：10

字数：120.000

定价：118.00元

（如有印装质量问题，我社负责调换）

目　　录

第一章

我的老师

长大后我就成了你

小时候我以为你很美丽，

领着一群小鸟飞来飞去。

小时候我以为你很神气，

说上一句话也惊天动地。

长大后我就成了你，

才知道那间教室，

放飞的是希望，

守巢的总是你。

才知道那块黑板，

写下的是真理，

擦去的是功利。

小时候我以为你很神秘，

让所有的难题成了乐趣。

小时候我以为你很有力，

你总喜欢把我们高高举起。

长大后我就成了你，

才知道那支粉笔，

画出的是彩虹，

洒下的是泪滴。

才知道那个讲台，

举起的是别人，

奉献的是自己。

——宋青松《长大后我就成了你》的歌词

1950年我随父母迁京，那时新中国刚成立，正值国内百废待兴，国际风起云涌、动荡多变的时期。由于种种原因父母无暇顾及我，年仅8岁的我凭着一股"初生牛犊不怕虎"的劲儿，独自一人为自己的"前程"奔波起来。北京师范大学附属小学（北师大附小）是离我家较近的一所学校，仅"近"这样一个简单的理由，让我径直闯入了北师大附小校门，通过了老师的简单提问后，我正式成为一名新生。几年后，我作为小学的优秀生免试升入国立北京师范大学附属中学校（北师大附中）。北师大附中创建于1901年，也是当时北京市最好的中学之一。

中学初二的某次物理考试题目只有一道："从行走的汽车上横向抛出一只皮球，问站在路面的人观看这只球的运动轨迹如何？"分数出来后，我破天荒地拿了个不及格。这是我学生生涯中的第一次，也是最后一次的不及格。从那以后，我发生很大的改变，对数学和物理产生了浓厚的兴趣。利用暑假自学了高中三年的数学和物理课程。尽管对于内容的理解与掌握只是粗浅的，但其中的主要概念与方法却已在脑海中留下了印记，这对以后的学习有很大帮助。

1990年，一位同事开玩笑地拿出一份当年的高考数学和物理试题，我竟毫不费力地解答出来。对于中学的学习，我摸索出了一套学习知识的方法，概括起来只有两句话：学习靠自己，自我为主，老师为辅；学习要有动力和浓厚的兴趣。

1960年，我参加了高考，以名列北京市前茅的成绩如愿以偿地迈进了中国科学技术大学（中国科大）的校门（以后称"高考状元"），开始了人生历程中又一个关键时期。

中国科大成立于1958年，是响应1957年党中央"向科学进军"的号召而诞生的。鉴于当时的实际情况，中国科大采用了

1965年大学毕业合影，我在中间排左三

大学毕业证书

长大后，头发没有了，这是后来漫
画家王复羊给我画的一幅速写

"所系合一"的管理教学体制，即大学中各个系没有专门教职员
工，所教授的课程由中国科学院的各个研究所安排，并从各研究
所工作者中提供相应的兼职教员。因此，许多著名的科学家都曾
在中国科大这座科学的殿堂中留下过辛勤耕耘的足迹。

老师们

严济慈老师

严济慈（1901～1996年）教授是国际上著名的物理学家。1955年他当选中科院学部委员，先后担任过中国科学技术大学的副校长和校长。中国科大建校初期有个不成文的约定，基础课必须由校长或研究所的所长授课。严济慈老师教授我们"普通物理"和"电动力学"两门课程，一共四个学期两年之久。59岁的严济慈老师给全校近千名学生讲课，古今中外，深入浅出，把科学发展史、科技人物活动与科学知识紧密相连，妙趣横生。他的

严济慈老师和我在北京中国科大校园（1986年）

人物关系

这张图片取自"百度百科之严济慈简介"，撰写者不详，很可能是根据严济慈老师的回忆录而写的。一个普通的学生，在"人物关系"中和严济慈老师的儿子列在一起，可见当时的师生关系，我作为严老师心目中儿子辈的学生，感到幸福和骄傲。大学毕业已经近60年了，学习严济慈老师，我也这样对待我的学生们

板书苍劲工整，条理清晰。他的课一讲就是几个小时，让人忘记了时间的存在。我喜欢下课后挤上讲台向他提问，严济慈老师似乎完全没有授课的劳累感，总是点上一支香烟，耐心回答我的问题。时间久了，他居然能叫出我的名字来。这是身为全国人大常委会副委员长的大科学家和一名一年级新生的故事，它从此永远铭刻在了我的心里。严济慈教授讲课还有一个特点——从不准点下课，这可苦煞了食堂的大师傅们。每逢严老师讲课，师傅们总是会做好午饭延长一个小时的心理准备。

1980年开始，80岁的严济慈出任中国科大校长，实施了一系列改革措施：开设了全国第一个天才少年班；创建了我国高校中第一个大科学工程——国家同步辐射实验室，也开启了大型实验室进驻高校的新纪元。2012年5月，经国际天文学联合会小天体命名委员会许可，一颗国际永久编号第10611号的小行星被正式命名为"严济慈星"。如今，严济慈老师虽然已经离我们而去，但他对物理学的贡献和对建设中国科大所做的努力，都已经永久载入史册

中国科学技术大学校园中的严济慈雕像

傅承义老师

  傅承义（1909～2000年）先生是钱学森的同学（20世纪40年代在美国加州理工学院），1957年当选中科院学部委员，教我们专业基础课。他善于把问题简单化，再复杂、抽象的道理经他几句讲解后，总会有"拨云见日"般豁然开朗的感觉；棘手的物理实验经他几下轻轻的点拨，顿时也会明朗开来。两学时的课，他往往会提前十分钟下课，偶尔也会更早些。多年以后，我居然也继承了傅先生的不准点"传统"，并有"青出于蓝而胜于蓝"的趋势。

1964年，55岁的傅承义教授（中科院学部委员）亲自指导21岁的我（高年级的大学本科生）做本科毕业论文，每周汇报讨论一次，持续4个月。这种大专家指导"小学生"的情景，过去少有，今天基本没有，我是幸运者。老师在我心中播下了"如何做人，如何做事"的种子

傅承义老师和我（1995年）

大学毕业前夕，傅承义老师（55岁）亲自指导我做毕业论文，这使得我与这位地球物理学泰斗之间有了更多的接触，让我了解到傅先生不为常人知晓的另一面。我的论文题目是《几何地震学的方法及其在掠入射问题的应用》。傅老师告诉我，有一篇关于该题目的经典德文文献很值得一读。但我不懂德语，傅老师看到我的表情后一言未发，我以为事情到此就结束了。傅老师每周都要检查我的论文进展情况，时间固定在周五下午2点钟。第二个星期五汇报完论文完成情况后，傅老师拿出了一个硬皮笔记本，上面整整齐齐地写满了英文字母。他已经将这厚厚的72页

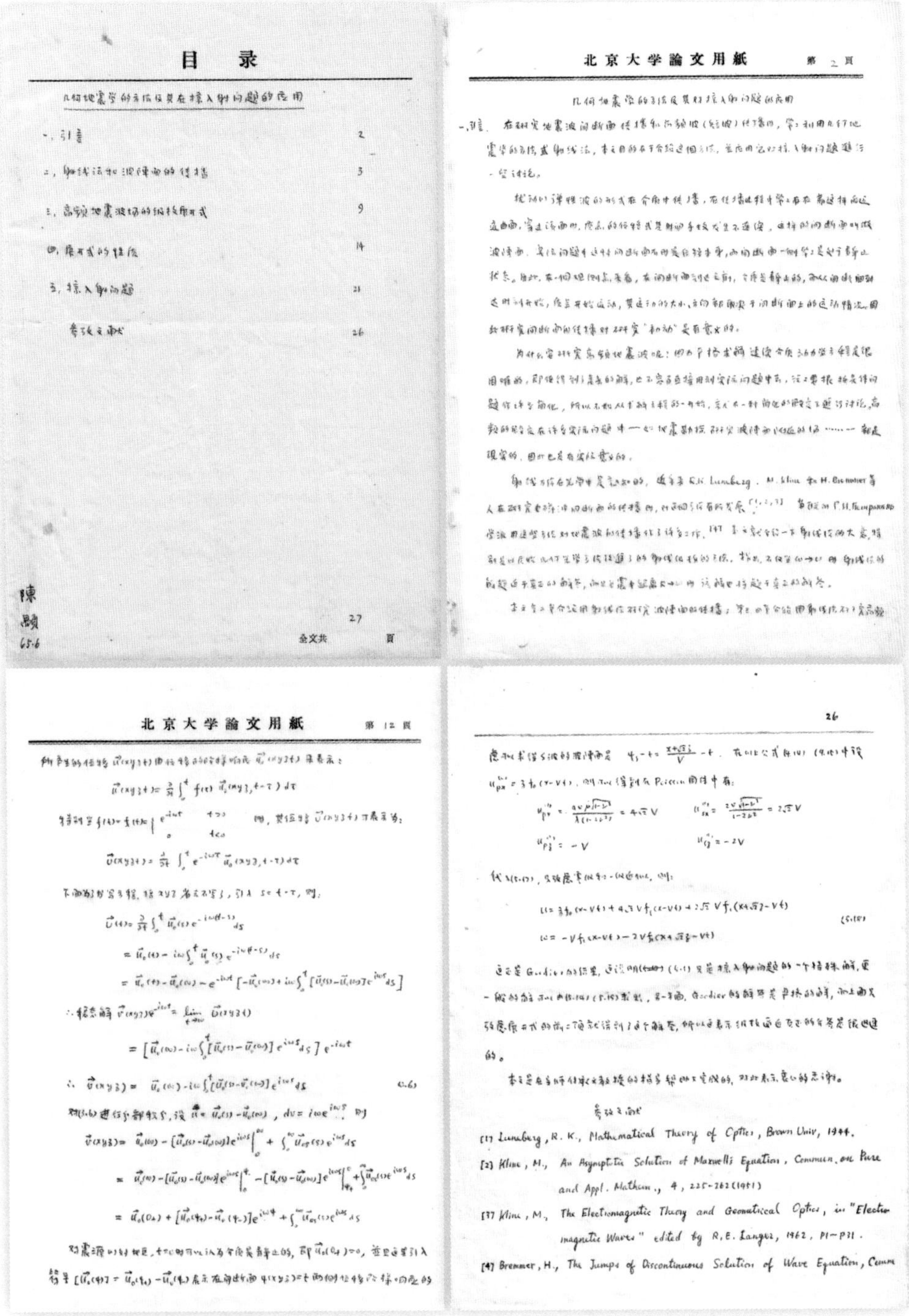

目录

陈颙
65.6

北京大学論文用紙　　第 二 頁

几何地震学的方法及其在掠入射问题的应用

（以下为手写正文，字迹不清）

北京大学論文用紙　　第 12 頁

（以下为手写公式与正文，字迹不清）

26

（以下为手写公式与参考文献，字迹不清）

[1] Luneburg, R.K., Mathematical Theory of Optics, Brown Univ., 1944.

[2] Kline, M., An Asymptotic Solution of Maxwell's Equations, Commun. on Pure and Appl. Mathem., 4, 225-262 (1951).

[3] Kline, M., The Electromagnetic Theory and Geometrical Optics, in "Electromagnetic Waves" edited by R.E. Langer, 1962, 11-P31.

[4] Bremmer, H., The Jumps of Discontinuous Solution of Wave Equation, Comm.

我的大学毕业论文《几何地震学的方法及其在掠入射问题的应用》

德文文献完整地翻译了出来。傅老师说："时间太紧，写中文太慢，我只把这篇文献从德文译成了英文，你拿去看吧！"我愣愣地站着，100页的硬皮笔记本写满了工整的英文，不用说翻译，就是单纯地照抄一遍也要很长的时间。我不知道该说些什么表达此刻的心情，我深深地鞠了一躬，走出了傅老师的办公室，半晌无言。这一瞬间就这样定格在了我心间，它时不时触动我的心灵，让我以同样诲人不倦的态度对待我的学生们。这就是发生在世界著名的学者傅承义先生和一个普普通通的大学生之间的真实故事。

　　"文革"期间，傅承义先生被划为"反动学术权威"，受到了不公正的对待。作为他的学生们，我们总想为傅老师做点什么，以表示我们对他的敬重与支持。遗憾的是，在那个动荡的年代里，做一点点入情入理的事情十分困难。没有人知晓此时此刻，在"学习班"中改造的傅老师在想些什么。1975年海城地震后，我在研究所里作一个题为《海城地震前震的特征》的报告。会议室的旁边就是傅承义老师等的"学习班"所在地。报告结束后，我最后一个走出来，见到了在"学习班"门口等候的傅承义老师。原来尽管他被勒令不准走进报告厅，再去搞"反动"的学术研究和宣传，耳朵却还是自由的，他就这样躲在角落里听完了我的报告。"你谈的不一定是所有前震的特征，但这种现象可以用来作为一个信号，表示一串地震中最大的地震是否已经过去。"他小声地对我说。短短的一句话将长久以来研究地震时积压的许多困惑一扫而光。这就是我敬爱的老师，尽管身陷逆境，但仍然乐观、执着地关注自己热爱的事业，用自己的实际行动鼓舞、激励着后辈。

朱兆祥老师

朱兆祥先生是著名的力学家，他协助钱学森和钱伟长创办了中国科学院力学研究所。1963年他教授我们"结构动力学"课程。当时朱老师也受到了政治上的不公正对待，但他授课时丝毫没有受到影响，依然那么投入、认真和风趣。当讲到材料中出现裂纹会引起应力集中时，朱老师举出了修锣匠的例子："京剧舞台上用的锣出现了裂纹，继续敲锣裂纹会越来越大，修锣匠师傅会在裂纹前端钻一个小圆洞，再敲时，裂纹就不会扩大了，锣还可以继续使用。"裂纹尖端应力集中和裂纹尖端曲率半径的关系经朱老师这一深入浅出地讲解，

朱兆祥老师（1921～2011年）

大学毕业前夕（1965年），我参加了研究生考试（001号），结果没被录取，当时的社会环境使我明白，有些路是不能走的

我至今还牢记不忘。尤令人惊奇的是，期终考试时，朱老师带着试卷，发给大家，同时也发给几位助教老师，让他们和学生们一起考试。题目分量很大，难度又高，我们几位学生的成绩却比助教好很多。朱老师用事实告诉我们，无论是老师还是学生，在学习新知识方面都处于同一个出发点上，大家是平等的，唯有虚心好学才能使人真正进步。

大学五年的时间，我不仅学到了知识，更为重要的是，从这些敬爱的老师们身上，学到了如何做人做事以及由好奇心牵引，大胆提问、小心求证的科学精神，这是老师们留给我最珍贵的财富。在以后几十年的工作生涯中，我陆续遇到了许多像严济慈、傅承义和朱兆祥这样的老师：刘光鼎、丁国瑜、秦馨菱、曾融生、马在田先生等，他们学识渊博、治学严谨、为人正直、关心后辈。老师们的科学精神激励着我在科研道路上不断前行。我永远怀念他们！

几十年来，在大学以及后来的工作中，我还幸运地遇到许多课堂之外的老师。我感激他们、忘不了他们。

大学的老师还有许多位，他们教导我：好奇心和兴趣是推动基础科学发展的动力。作为科学家，不但要解决问题，更重要的是不断发现和提出问题。

举个例子：荷花为什么"出淤泥而不染"？荷叶上有无数细密排布的小突起。这些小突起一方面此起彼伏，形成一道天然隔绝屏障，另一方面，突起与突起间被空气填满，犹如一大块"气垫"。水滴落下，只能在这些突起和"气垫"上不断翻滚，根本无法触及内底叶片本身，自然也就什么都不粘了。蜂窝不粘锅仿照这个原理，摒弃传统涂层，转而在锅底用仪器细密地雕刻起蜂窝般的图形和凸点。这些蜂窝和凸点的排布都经过缜密计算：既不会间隙太大，造成"气垫"稀薄，又不会间隙太密，以至于"气垫"无法均匀铺满锅底。

一张纸，遇水即破，遇油反而结实，甚至可以用来做雨伞（过去常用的油纸雨伞）。

最精彩的例子，蜘蛛网（spider web），剪断几条不影响完整性，剪断最后一条（关键的一条），发生整体破坏，出现突变。材料的导电和绝缘，疾病的传播和抑制，电网和通信网络的工作和破坏，都是突变现象。关于这个问题的研究成果获得 1982 年诺贝尔奖。

我也当了老师

从1978年开始，我在中国科学技术大学（合肥）和中国科学技术大学研究生院（北京）开始当老师授课。学生时代的老师们的形象总是在我心中，"长大后我就成了你"始终是我的座右铭。

我每年授课约40学时，除系统的7门课程外，还有很多讲座和短训班。主要涉及以下专业领域：地壳岩石的力学性能、测震技术及其应用、地球动力学、分形几何、岩石物理学、自然灾害、地震灾害和风险分析。

我获得的教师荣誉证书

在授课过程中，我很重视教材的引进、编写和出版工作

与学校的专职老师不同，他们重在基础课的教学，我教学侧重在扩大视野、增加兴趣方面。非线性动力学是在连续介质力学后发展迅速的新领域，"分形几何"是描述复杂图形的新工具，我连续几年对"分形几何"的介绍引起了许多同学的兴趣

1996年春节鞭炮声中，《分形几何》一书写作脱稿，兴奋之余，喝酒庆祝，酒后写序，出版时，一字未改

点亮地下明灯 陈颙院士自叙

一起工作过的研究生

序号	学生姓名	毕业学校	攻读学位	入学年份	毕业年份	论文题目
1	韩德华	中国地震局地球物理研究所	硕士	1979	1982	用双扭方法研究岩石的断裂性质
2	王吉生	中国地震局地球物理研究所	硕士	1979	1982	大理岩的全程破坏及岩样与压机的互相作用
3	戴恒昌	中国地震局地球物理研究所	硕士	1981	1984	岩石在蠕变条件下的变形和声发射
4	唐晓明	中国地震局地球物理研究所	硕士	1981	1984	岩石声学性质的精确测量及其在地震预报中的应用
5	姚存英	中国地震局地球物理研究所	硕士	1982	1985	岩石中断裂发展的（弹塑性）弱化材料有限元分析
6	杨咸武	中国地震局地球物理研究所	硕士	1982	1985	单轴压缩下岩石波速的局部变化
7	许征宇	中国地震局地球物理研究所	硕士	1983	1986	b 值物理意义的研究
8	韩彪	中国地震局地球物理研究所	硕士	1984	1987	地球物理 CT 技术的实验研究
9	彭成斌	中国地震局地球物理研究所	硕士	1985	1988	地球物理衍射 CT 技术的数值研究
10	朱力远	中国地震局地球物理研究所	硕士	1987	1990	断层滑块模型的地震活动性和非线性力学特征
11	陆燕萍	中国地震局地球物理研究所	硕士	1991	肄业	
12	刘昭军	中国地震局地球物理研究所	硕士	1991	肄业	
13	陈棋福	中国地震局地球物理研究所	博士	1994	1997	大尺度地震灾害损失预测评估方法研究
14	陈凌	中国地震局地球物理研究所	硕士	1994	1997	地震年发生率的确定及其误差估计
15	刘杰	中国地震局地球物理研究所	博士	1994	1998	地震活动性中泊松模型和应力释放模型的研究

序号	学生姓名	毕业学校	攻读学位	入学年份	毕业年份	论文题目
16	葛洪魁	中国地震局地球物理研究所	博士	1995	2000	多相岩石弹性特征的试验研究及其在地层评价中的一些应用
17	李娟	中国地震局分析预报中心	硕士	1997	2000	改变时间尺度的 R/S 统计方法及其在地震活动性分析中的应用研究
18	陈凌	中国地震局地球物理研究所	博士	1997	2002	小波束域波场的分解、传播及在地震偏移成像中的应用
19	吴晓东	中国科学院地质与地球物理研究所	博士	1997	2001	岩石热开裂的实验研究
20	李闽峰	中国地震局地球物理研究所	博士	1998	2002	震害预测快速服务平台的模型与方法及一些相关理论的研究
21	李丽	中国科学院地质与地球物理研究所	博士后	1999	2002	中国大陆及邻区地震活动背景、环境触发与地震预测研究
22	米宏亮	中国地震局分析预报中心	硕士	1999	2002	地震灾害宏观易损性研究与震害快速评估的网络实现
23	王立新	中国科学院地质与地球物理研究所	硕士	1999	2002	利用重力与地形数据探讨我国大陆若干地区岩石圈有效弹性厚度
24	王宝善	中国科学技术大学	博士	1999	2003	颗粒状地球介质破坏演化的数值研究
25	李娟	中国地震局地球物理研究所	博士	2000	2003	首都圈地区 Pn 和 PmP 波层析成像研究
26	范桃园	中国科学院地质与地球物理研究所	博士后	2001	2004	数值模拟在现今构造、古老构造、地震勘探研究中的应用
27	黄静	中国地震局地球物理研究所	博士	2001	2005	基于网络技术的虚拟地震会商系统研究
28	齐诚	中国科学技术大学、中国科学院地质与地球物理研究所	硕博连读	2001	2006	中国首都圈和美国阿拉斯加地区的地震层析成像研究
29	徐文立	中国科学院地质与地球物理研究所	硕士	2001	肄业	
30	汤毅	中国科学院地质与地球物理研究所	博士	2002	肄业	

序号	学生姓名	毕业学校	攻读学位	入学年份	毕业年份	论文题目
31	彭文涛	中国科学院地质与地球物理研究所	博士	2002	肄业	
32	李纲	中国地震局地震预测研究所	硕士	2002	2005	运用接收函数的方法研究首都圈地区地壳结构
33	刘吉夫	中国地震局地球物理研究所	博士	2002	2006	宏观震害预测方法在小尺度空间上的适用性研究
34	黄辅琼	中国地震局地球物理研究所	博士	2002	2008	中国大陆地震地下水观测井对大地震的响应
35	罗桂纯	中国地震局地震预测研究所	硕士	2003	2006	用相关检测法进行地震波速及其变化的精确测量
36	杨占宝	中国科学院地质与地球物理研究所	博士	2003	2006	东营凹陷油区套损地质灾害动力学研究
37	韩忠东	山东科技大学	博士	2003	2007	地震背景噪声信号的特征分析与应用方法研究
38	张尉	浙江大学	硕博连读	2003	2008	利用小当量人工震源进行区域性深部探测的试验研究
39	林建民	中国科学技术大学	硕博连读	2003	2008	基于人工震源的长偏移距地震信号检测和探测研究
40	唐杰	中国科学技术大学	硕博连读	2003	2008	区域尺度深部探测中的人工源震源特性及信号检测研究
41	李俊	中国科学技术大学	硕博连读	2003	2009	以 Google Earth 为平台，基于 GDP、人口与场地效应的全球大震损失评估模型
42	王彬	中国科学技术大学	博士	2003	2009	利用多种震源测量介质波速度变化的实验研究
43	皇甫岗	中国科学技术大学	博士	2003	2009	云南地震活动性研究
44	刘宁	中国地震局地震预测研究所	硕士	2004	2007	利用初至压缩波对大地震破裂直接成像
45	韦生吉	中国科学技术大学	硕博连读	2004	2009	稀疏台网震源参数方法研究

序号	学生姓名	毕业学校	攻读学位	入学年份	毕业年份	论文题目
46	王伟涛	中国科学技术大学	硕博连读	2004	2009	基于人工震源的区域尺度介质波速探测研究
47	乔学军	中国地震局地震研究所	博士	2004	2010	中国西部活动断层的 InSAR/GPS 观测与构造活动研究
48	徐平	中国科学院地质与地球物理研究所	博士	2004	2010	地壳应力深部变化监测技术及其应用研究
49	胡平	中国科学院研究生院	博士	2004	2010	第四纪地层中断层同震错动行为的离心机试验研究
50	郑勇	中国地震局地球物理研究所	博后	2005	2008	断层与青藏高原运动变形和地震震源性质的关系
51	晏锐	中国地震局地震预测研究所	硕士	2005	2008	影响井水位变化的几种因素研究
52	彭菲	中国地震局地震预测研究所	硕士	2005	2008	人工源和随机源激发地震波的时域有限差分模拟研究
53	夏瑜	中国科学院地质与地球物理研究所	硕士	2005	2008	尾波干涉法精确测量地震波速变化的方法及实验研究
54	朱平	中国地震局地球物理研究所	博士	2005	肄业	
55	罗艳	中国科学技术大学	博士	2006	2010	中小地震震源参数研究
56	刘保金	中国科学院研究生院	博士	2006	2010	1679 年三河 - 平谷 8.0 级地震区地下构造探测研究
57	连尉平	中国地震局地球物理研究所	博士	2006	2014	铲形逆断层和平行逆断层体系的破裂特征——以龙门山断裂带中段为例的数值模拟
58	刘宁	中国地震局地震预测研究所	博士	2007	2010	利用直达 P 波研究大地震破裂过程
59	陈剑雄	中国地震局地球物理研究所	硕士	2007	2010	大容量气枪震源的陆地应用及气枪资料对华北地区低速层的约束
60	李宜晋	中国地震局地球物理研究所	硕士	2007	2011	小尺度人工震源地震波速变化观测系统的技术研究

序号	学生姓名	毕业学校	攻读学位	入学年份	毕业年份	论文题目
61	孙安辉	中国地震局地球物理研究所	博士	2007	2013	一维速度结构和三维有限频全波层析成像研究：以天山造山带和华北地区为例
62	陈蒙	中国地震局地球物理研究所	博士	2008	2014	利用水库大容量非调制气枪阵列进行区域尺度地下结构探测和监测
63	胡久鹏	中国地震局地球物理研究所	硕博连读	2010	2017	利用数值方法研究陆地气枪的震源特性及其影响因素
64	蒋生淼	中国地震局地球物理研究所	硕博连读	2011	2017	气枪震源信号提取方法与传播特性研究
65	宁静	中国地震局地球物理研究所	博士后	2005	2008	光纤布拉格光栅地球物理传感器研究

在中国科大研究生院上课，与同学们的合影。前排最右的是彭成斌，他后来担任过斯伦贝谢（跨国石油公司）的副总裁

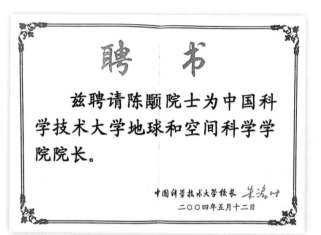

聘 书

兹聘请陈颙院士为中国科学技术大学地球和空间科学学院院长。

中国科学技术大学校长 朱清时
二〇〇四年五月十二日

中国科学技术大学地球和空间科学学院全体合影
2020年元月9日

2004～2019年，我担任了中国科学技术大学地球和空间科学学院15年的"志愿者"院长

良师益友

一生中，遇到了数不清的好老师和好同学，他们永远在我心中。丁国瑜院士是我的良师益友，他九十华诞之时，我写了短文祝贺。

高山仰止，景行行止（摘录）
——祝贺丁国瑜院士九十华诞

"高山仰止，景行行止"见于《诗经·小雅·车舝》，意即：像高山，令人敬仰；像大路，让人遵循。

丁国瑜先生从事新构造、地震构造和地震预测研究近60年，他不仅是我国这些科学领域的奠基人、开拓者，也是我国地震科学研究最重要的组织和领导者之一。无论在治学上还是在科研管理上，丁国瑜先生都是中国地震科学领域的一座丰碑。

开拓创新，高山仰止

丁国瑜先生，1931年9月19日生于河北高阳，1952年北京大学地质学系毕业，1959年获苏联莫斯科地质勘探学院副博士学位。丁先生早期从事长江三峡坝区的新构造调查，海南岛第四纪地质、第四纪火山、新构造及沿岸稀有元素砂矿的综合调查研究。1966年邢台地震以后，丁先生在研究新构造运动的基础上，开始重点进行活动构造、地震构造与地震预测研究。

中国对国内地震构造和活动构造所进行的系统而大规模的研究，丁先生是最重要的奠基人和开拓者。由于丁先生在这方面的突出贡献，1980年，年仅50岁的他当选为中国科学院学部委员（1993年改称院士），成为中国科学院历史上最年轻的学部委员之一。

大道无痕，景行行止

中国地震局第一届科技委成立于1983年，丁国瑜先生任前五届科技委（长达22年）的主任。从1985年起，我有幸多年与丁先生接触，深切感受到先生为人朴实，谦逊正直，处事公正，平易近人，能团结各种不同意见的人共同工作，受到同事们的普遍尊敬与爱戴。我举跟随丁先生考察张家界峰林地貌的例子。

张家界位于湖南省西北部，区内发育巨厚的泥盆纪（距今3.5亿到4亿年）石英砂岩，形成了奇特的地貌景观。丁先生先解释了这种地貌形成的原因：垂直节理发育，受后期地壳运动抬升，重力崩塌及雨水冲刷等内外地质动力作用的影响，形成了奇特的砂岩峰林地貌景观。丁先生进一步解释道："请留意这些数目众多的石崖，它们的顶部基本在一个高度，把所有石崖的顶部连起来，就形成了一个平面，这就是当时的夷平面。"通过丁先生深入浅出的教导，峰林地貌和夷平面的概念至今还留在我的记忆中——沟壑下平川。

从张家界回来后，丁先生竟用几天的时间，画了一幅张家界武陵源的国画送给我。这幅画我一直珍藏在身边，不时地观摩和学习，因为它教给我的不仅仅是关于张家界武陵源地区的地质知识，而且教给我了许多做人做事的道理。丁先生传道授业，诲人不倦，我形而上之为："立地顶天，锲而不舍。"

丁先生赠予我的张家界武陵源国画

纪念文中的"高山持厚重，明道通遐迩"，得到我的朋友丁仲礼的赞同。读完我的短文后，他写作了条幅，我一直挂在书房里

郑哲敏院士也是我的良师益友，2021年8月25日在北京逝世，我写了以下短文纪念他。

郑哲敏老师（国家最高科学技术奖获得者），于2021年逝世，享年97岁。

郑哲敏先生是我们大陆水体气枪人工震源的指路老师。20年前，河北上官湖气枪激发成功，第二年，北京养鱼池气枪激发失败。为什么有的成功，有的失败？我和王宝善等几个同志专程请教郑哲敏老师。

郑哲敏老师指出，气枪激发基于水体震荡原理，大水体激发地震波的能力强，小水体激发能力弱，并指导我们读铁木琴科《高等流体力学》的最后一章。郑老师学识渊博，我从大学三年级开始就多次请教过他，调皮的学生不怕和蔼可亲的老师，我说，铁木琴科的书，我们一定好好

呼图壁水池

郑哲敏先生

读，您一定也看过这本书，请您帮我们设计一个人工水体吧。没过几天，郑老师帮助我们设计了足够大又比较经济的水池。

郑老师设计的水池在新疆乌鲁木齐市的呼图壁，直径 100 米，近半圆形，中心深 20 米，蓄水 5 万吨。人工激发的地震波可以到达哈萨克斯坦和乌兹别克斯坦，覆盖近 400 万平方千米的地区。

王宝善等同志写的有关呼图壁水池激发地震波的研究论文，被选为美国 BSSA 杂志 2021 年 6 月的封面文章，这是全球地震学界少有的荣誉，也记载着郑老师的贡献。

呼图壁水池激发地震波时，郑老师十分想到现场观看，无奈 90 多岁高龄，外出不便，于是专门派白以龙院士替他前往。事后他多次观看现场录像，始终关注人工震源的发展。

郑哲敏："我从过去走到现在，并没有什么清晰的路线。但有一点是确定的，那就是富国强民的愿望。"

郑老师逝世，我十分悲痛，写了几句话纪念老师：

你可以记起他，在他离去的时刻；

珍藏这份怀念，让他永远活着。

胸怀依然充实，有他留给你的东西；

但你做的一切，正如他希望的，应是微笑、阳光和追求……

李佩是中国科大的一位老师，2018年去世时，我含泪写了纪念短文。

李佩，1919年出生，1938年进北大，1948年进（美）康奈尔大学，1956年回国，1968年其丈夫郭永怀（"两弹元勋"纪念勋章获得者）从核试验基地回京途中飞机失事去世，震撼世人。郭永怀离去足足九年后，李佩才结束了劳动审查的日子。

那时她已经60多岁了，人生就在此刻按下重启键。

1977年，中国科学技术大学研究生院成立，李佩负责筹备外语教研室，没有教材，自己翻译自己编写，直到今天，她写的英语教材还在应用；没有老师，她冒着风险，请之前被批判的教授们来执教。在她的这间教室里，走出了新中国最早的一批研究生、博士生。

1979年，李佩联合李政道，将新中国第一批留学生送出国门。当时中国还没有托福、GRE考试，她就自己出题，由李政道在美国选录学生。八年间，李佩帮助915位优秀物理学生赴美留学。到今天，没人能数得清，中科院的老教授们，有多少是她的学生，年轻一代里，也大多是她为中国教育界培育的星星火种！有人给她寄来文件，只要说一句中关村李佩，就会有很多级别很高的教授，抢着给她当"邮差"。她的头衔有很多，被称为"中科院最美的玫瑰""中关村的明灯""院士中的院士"……

在中关村，李佩的家就像是那个耀眼时代留下的最后的一座孤岛。今日，李佩、郭永怀、钱学森、钱三强等人曾住过的中关村社区，已经变了模样。李佩在这所早就破败的老房子里，住了60年。那有些歪斜的沙发也本不是灰色的，它曾鲜亮的颜色早就掉完，老掉牙了，可它承载过的，却又是时代最珍贵的记忆，钱学森、钱三强、林家翘，都是这个灰色沙发的座上宾。

1999年，李佩替郭永怀领回"两弹元勋"纪念勋章，那可是纯金打造，

李佩先生在李佩珊学术纪念会上

（2004年7月13日熊卫民摄于中国科学院自然科学史研究所）

足足515克。四年后，李佩把它捐给了中国科学技术大学。领导说给她弄个捐赠仪式，李佩直摆手："捐就是捐，要什么仪式？"

几年前，李佩最后去了一趟银行，把自己的毕生积蓄取了出来，全捐给了中科院力学所和中国科大。然而让人吃惊的是，这笔承载了她一生的、沉甸甸的钱，是60万元。按她的地位贡献，拥千万资产都不为过！可她，低调了一辈子，简朴了一辈子，这些年所获得的奖金、收入，全部加起来，就是这60万！这为数不多的钱，比不上明星一集电视剧的收入，甚至比不上他们一座豪宅的零头，而且还是她这一辈子省吃俭用存下来的！

她从那个遥远的年代走来，跨越了一个世纪。这一生，为师、为母、为妻，她竭心尽力；为国、为民、为人，她倾其所有。在她有限的年华里，将生命化为火焰，满心赤诚和热忱，燃烧在这片土地上，发出了绚烂的光和热。

李佩创办了"中关村大讲堂"，连续举办十年，600多场演讲，大咖云集，规格甚至高于今天的"百家讲坛"。我有幸受邀做过两场演讲，演讲准备过程接受李佩的亲自指导，她是我终生钦佩的人。

第二章

从1966年起

我与地震结下了不解之缘

在过去的 500 年里，700 多万人死于地震，灾难性地震对于日益增长的世界人口来说已成为头等重要的问题之一，驱动着科学家和工程师们去研究它，然而，地震已被证明它不仅是破坏之源，而且也是地质知识之源，对地震波的分析，为地质学家提供了详细的、常常是独一无二的关于地球内部的信息。

——美国地震学家博尔特（Bruce A. Bolt）

邢台地震（1966年）

1965年，我大学毕业。1966年3月8日凌晨，河北邢台发生6.8级强烈地震。紧接着3月22日，在稍北的邢台地区宁晋县再次发生7.2级强烈地震。两次地震共约八千人丧生，四万余人受伤。这是新中国成立后首次发生在人口密集地区，人员伤亡和财产损失最为严重的一次地震。大学毕业后，我被研究所派往邢台地震现场工作。没承想一干就是四年——整整四年的野外工作。野外观测十分辛苦，最难受的是孤单。四年中多数人回到了北京参加"文化大革命"，始终在地震现场的只有极少数人，我就是其中一个。更没有想到的是，从邢台地震开始，我从事地震科研长达50余年，和地震结下了不解之缘。

在邢台地震现场，我的第一项工作是每天到邢台周围的许多地震台去取地震图，为此先学会了开摩托车，后学会了开汽车，

邢台地震受灾照片。这是新中国成立后首次发生在人口密集地区，人员伤亡和财产损失最为严重的一次地震，共约八千人丧生

取了资料送到分析中心进行数据处理。

第二项工作是维护仪器的运转和维修仪器。我从最简单的仪器操作开始，大胆摆弄起各种地震仪器，坏了就先小心地从里到外检查一番，然后再拆拆补补，卸卸装装，最开心的时刻莫过于让一台仪器起死回生，看着它在地震现场再度大显身手。当时未曾意识到那四年的日子里我其实学会了很多教科书里没有的东西，动手能力的提高也为后来仪器研制和野外生存帮了大忙。

现场资料的处理和结果的分析大都在结束了一天的测量之后进行。窝在小小的野外帐篷里，沉浸在铅笔与计算尺的交替运算中。开始时，利用几个台的资料确定每个地震的地点和大小（震级），一天几百个地震根本处理不完，就是不睡觉也处理不完。后来有经验了，只需看看一个台记录的地震波形，就能知道这个地震的位置和大小。现在来看，实际上这是机器学习和人工智能的技术，只要认真学习和总结，一个人也能成为一台活的信息处理器。

由于每天要去各地的地震台取图纸，专业司机不会在现场停留太长的时间，于是我就成了兼职司机，摩托车、吉普车和大型仪器车，我都会开。后来在美国工作，需要考驾驶执照时，道路考试一次就通过了，我只需要学认几个简单的英文单词就够了，如steering（方向盘）、brake（刹车）、curb（马路牙子）等

1966年邢台地震，耿庄桥队部全体合影

1966年邢台地震，中国科大同班同学合影

左起：黄玮琼、冯锐、陈颙、张国民

邢台地震后的半年，一直
住在帐篷里（我和姚振兴
院士在帐篷前）

不久后，在震中区找到了
3米高的基岩露头，用白
石头垒出"红山地震台"
记号

　　地震后的半年，一直住在帐篷里。后来，在邢台地震震中区
找到了地下基岩的露头，就在露头的地方建立了永久的地震台。
"文革"期间"全国山河一片红"，我们几个年轻人给这个地震
台起名"红山地震台"。

点亮地下明灯 陈颙院士自叙

地震现场诞生的刊物。邢台地震的发生，吸引了中国科学技术大学和北京大学1966届未毕业的同学来到现场工作。参与了几个月的现场工作后，他们于1966年年中返回北京继续完成大学学业。他们在北京编辑出版了名为《地震前线》的油印刊物，石耀霖和杜振民任主编。后来，郭沫若重新题写了刊名，刊物也逐渐由油印变为铅印，发行量也逐渐增多，后改名为《地震战线》，成为现在《地震》期刊的前身

　　野外四年的艰苦工作磨炼了我的意志，也促成了我与地震科学的不解之缘。我逐渐认识到地震领域是科学上的一块尚未开垦的处女地，它的进展状态将在很大程度上代表人类征服自然、改造自然的能力。在地震这种毁灭性灾害的面前，人类显得太过渺小。慌乱与无助似乎不应该成为这个时代的主旋律，我们总得做点什么，即便微小，也可以涓涓细流汇成河。

　　四年野外，虽然艰苦，但也很快乐。时间很多，又很自由，我学会了开车、做饭、动手修仪器和看星星，学习了英语（20世纪60年代，大学没有英语老师，大家学的都是俄语），阅读了许

今天的红山地震台，已经成为科技部命名的"国家野外观测台站"

1968年，我与妻子杨杰英在邢台地震现场结婚了。地震之后的现场几乎见不到一栋完整挺立的建筑物，新的没有用过的干打垒猪圈，就是我们的新房（抗震），一个盆，白天当脸盆，晚上当尿盆，做饭时拿来煮饺子，是最重要的家具。生活很艰苦，但是很快乐。时间过得真快，一晃4年就过去了。在猪圈中结婚和度蜜月，我大概算是第一个吧

多英文专业书和不少英文小说。

我在邢台地震现场工作了4年多，日日夜夜头脑中在想的事情就是"攻克地震预报科学难题，减轻地震灾害"。这是所有地震科技人员的梦想。后来我虽然离开了邢台，但梦想却一直没

断。邢台地震提出的地震预报问题一直在我的心中。气象灾害预报的难点在地点，天上云多了，一定要下雨，但准确预报下雨的地点很难；地震预报的难点在时间，大地震发生的地点是由地质

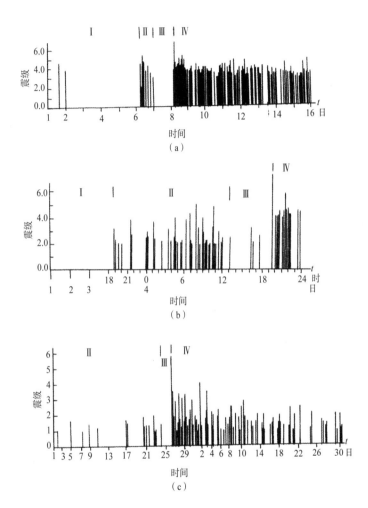

（a）6.8级邢台地震发生前两天，邢台地区反常地发生了许多中小地震，它们可以被认为是大地震的前兆，叫作前震。（b）1975年2月4日辽宁海城地震7.3级地震前，海城地区也反常地发生了许多中小地震。（c）1991年3月1日大同5.8级地震前均发生同样的现象

构造确定的，但何时发生地震，用地质学时间尺度很难回答。

6.8级邢台地震发生在1966年3月8日。邢台附近平常少有地震发生。但在大震发生前两天，邢台地区反常地发生了许多中小地震，它们可以被认为是大地震的前兆，叫作前震。利用前震预报其后的大地震，能够作为地震预报的一种方法吗？邢台地震是否为一特例，缺乏普适性？我对前震预报大地震研究产生了兴趣，且注意到1975年2月4日辽宁海城地震7.3级地震前，1991年3月1日大同5.8级地震前均发生同样的现象，这增加了我研究前震预报大地震的兴趣。

国际地震学和地球内部物理学委员会（International Association of Seismology and Physics of the Earth's Interior，IASPEI）下属有地震预报专业委员会（Sub-commission on Earthquake Prediction）。我在1991～2000年任这个委员会的主席。随后，作为委员会的主席，我又组织了美国、俄罗斯、瑞典、以色列、英国、捷克、墨西哥、日本、智利和中国等10个国家专家组成的小组，会同国际地震中心（International Seismological Centre，ISC，伦敦）对1990年以前50年的全球大地震进行统计。发现在1900～1990年期间，约10%的大地震前有明显增强的地震活动，即约10%的大地震前有前震。

利用前震是目前短临预报的重要方法。大地震的前震的特征是：

（1）未来大震震中区域地震频度空前增加；

（2）前震地点高度集中（绝对位置和相对位置都高度集中）；

（3）前震机制非常一致（绝对机制和相对波形都非常一致）；

（4）前震后几天，大震发生，震后上述（2），（3）特征消失。

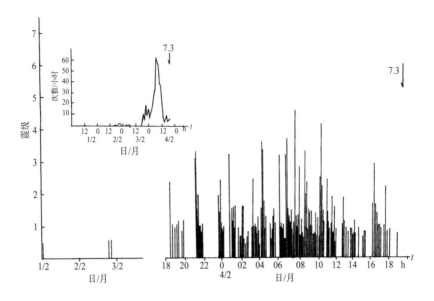

①海城7.3级地震（1975年2月4日）之前两天，附近地震频度空前增加。②大震前的地震发生地点高度集中。利用单个地震台的S-P走时记录可以看到相对位置高度集中。③前震机制非常一致（绝对机制和相对波形都非常一致，从地震记录的初动符号可以看出）。④大震发生后，余震位置分散，机制混乱。这是前震和余震的显著差别。地震发生后出现的大量余震，如果位置分散，机制混乱，这些地震不会是以后更大地震的前震

　　大地震的前震现象最早在邢台地震发现，但资料最完整的是1975年海城地震。下面以海城地震为例，具体说明这些特征。

　　2011年3月11日日本东北发生9级地震，这是日本有记录以来最大地震，是"二战"后日本伤亡最惨重的自然灾害。日本内阁会议正式将该次地震带来的灾害，统一命名为"东日本大震灾"（2011年4月1日）。这次大地震之前的前震活动非常明显。由于不重视前震活动对地震预报的价值，预报的机会从手指缝中漏掉了。

唐山地震（1976年）

1976年7月28日唐山7.8级大地震，抗震纪念碑碑文：突然，地光闪射，地声轰鸣，房屋倒塌，地裂山崩，数秒之内，百年建设城市夷为墟土，24万居民殁于瓦砾，16万多人顿成伤残，七千多家庭断门绝烟，此难使京津披难，全国震惊

    唐山地震发生在1976年7月28日凌晨3点多钟。当时我住在北京前门附近一个非常破旧的二层木质结构的楼房里，我刚躺下一会儿，迷迷糊糊中就觉得床有些大幅度上下跳动，地板甚至整个楼房都发出"嘎吱"的声音。我立刻意识到"有大地震发生了"。长年从事地震工作的我被晃醒后没有立即下床，而是躺在床上开始数数，"一、二、三……"，数着数着床的晃动变小

了。当数到第二十的时候，突然又来了一次晃动，比第一次更厉害，整个楼层都在忍受剧痛似的"哗哗啦"乱响。这短短的20秒钟间隔就是纵波和横波到达的时间差。于是，我有了一个初步判断：地震不在北京——在距离北京160km的地方有大地震发生了。长期与地震打交道的结果，使我自己变成了一台活的地震仪。

部署在华北地区的地震台，多是为记录中小地震而设计的，大地震时多数被震坏，不清楚这次地震的震中在哪里，于是清晨研究所派人出去寻找震中，我不是第一批派出的人员，但幸运的是，我们经过的路程没有破坏，于上午11时到达了唐山市区，成为最早来到地震现场考察的科技人员。

震后，唐山的交通堵塞十分严重，抢劫等不良现象时有发生。随着解放军进入唐山，并采取稳定社会的许多非常措施后，情况发生了根本性变化。第一，恢复了唐山市的交通秩序。没有通行证的汽车一律不许进入唐山市；市内凡是两车相对堵塞马路又不相让的，毫不客气地将它们翻到路边的废墟里，腾出道路来。第二，制止了抢劫等不良现象。街上的人特别是出城的人，凡是手上戴两个手表的，或是骑自行车且车架上拉有箱子的，都

1976年我在北京住的房子是木结构的二层楼房。凌晨3时，在床上明显感到两次震动，先是上下震动，20秒后又左右震动，跑得快的地震波和跑得慢的地震波每秒差8千米，20×8=160千米，我知道：160千米外发生地震了

唐山地震灾情极为严重。48小时内发生7.8和7.1级两次强烈大地震,5级余震16次,3级以上地震900多次。大街小巷被倒塌建筑物堵塞。路边居民搭棚露宿,停放尸体。人人心急如焚,争路行驶,互不相让。道路堵塞,30日上午中央慰问团到达后,进不了城,临时改为乘直升机在空中视察,散发慰问信。第二天才进入唐山

被认为有抢劫的嫌疑。没有工夫审查,直接拿电线将他们捆在公路边的树上,待以后再认真审查。有段时间唐山到丰润沿途的马路边捆了许多人。很快社会秩序得到控制。这种紧急救援、紧急措施是在非常情况下必须采取的一种非常措施,任何重大灾害后都应这样做。

　　灾后采取非常措施,尽快稳定社会秩序是应急反应的最重要环节。1906年美国旧金山地震后,当天市长发布了市长令,紧急采取了非常措施,就是一个例子。

　　知道破坏最严重的地点在唐山市,并向上级汇报完以后,下一个问题是破坏的范围有多大。于是我们赶往唐山南方的宁河县,在了解了唐山南面的地震破坏情况后,赶回唐山。当时,天已经黑了,路上没有灯。宁河到唐山的公路遭到严重破坏,路

中间多处出现了与公路平行的地裂缝，裂缝的宽度不等，有的可以达到半米。回唐山的时候，我们的吉普车不小心陷进了地裂缝里，寸步难行。就在我跳下裂缝去抬汽车轮子的时候，唐山地震最大的6.9级余震发生了。我清醒地感觉到地裂缝像一张大嘴忽而闭合忽而张开，合上时两侧刚刚抵着我的肩膀，张开后却又宽宽敞敞的。这种一张一合的变化非常快，一次也就一两秒钟时间，快得我来不及做任何反应。几个来回后，大地又"倏"地一下静止了，仿佛一切都没有发生过。1975年海城地震时恰逢冬天，土被冻得很硬。我曾亲眼看到有人陷到地震时张开的地裂缝里，当地裂缝合上时，不容他有任何挣扎，裂缝就已经将他的腿挤压得像书那么薄。一想起来真有点后怕。

1975年海城地震前三天内频繁发生了500多次小地震，这些小地震的频繁发生（前震）成为其后大地震的前兆。但一年后，

PROCLAMATION BY THE MAYOR

The Federal Troops, the members of the Regular Police Force and all Special Police Officers have been authorized by me to KILL any and all persons found engaged in Looting or in the Commission of Any Other Crime.

I have directed all the Gas and Electric Lighting Co.'s not to turn on Gas or Electricity until I order them to do so. You may therefore expect the city to remain in darkness for an indefinite time.

I request all citizens to remain at home from darkness until daylight every night until order is restored.

I WARN all Citizens of the danger of fire from Damaged or Destroyed Chimneys, Broken or Leaking Gas Pipes or Fixtures, or any like cause.

E. E. SCHMITZ, Mayor

Dated, April 18, 1906.

ALTVATER PRINT, 大字 MISSION AND 310 STS.

市长令

我授权联邦军队，各种警察可以开枪射杀进行抢劫或其他趁火打劫的任何人。

我已命令所有的煤气和电力公司停止供气和供电。

我下令宵禁，要求所有居民晚上待在家中，不要外出。

我提醒全体居民注意火灾，特别留意那些破坏的烟筒和管道。

市长 SCHMITZ
1906年4月18日

尽快稳定社会秩序是应急反应的最重要环节。1906年美国旧金山地震后，当天市长发布了市长令，紧急采取了非常措施

天津市汉沽区博庄公路边缘
地裂缝，汽车轮卡在裂缝中
（来源：《唐山大地震震害
（四）》，俞泽良拍摄）

唐山大地震在悄无声息中给了人们当头一击，没有任何的异常，平静得连一个前震都未发生，然后一瞬间就夺去了24万人的生命。唐山地震暗示我们：世界上没有任何两个地震是完全一样的。正如不存在两片完全一样的雪花，这在一定程度上告诉我们地震过程的复杂性——一次地震发生之前的现象很难在另一次地震之前上演简单的重复。唐山地震后，我查看了震前出版的河北省北部的地质图，发现图上唐山市的地质断层很少，而周围地区却有不少断层。为什么地震不在断层密集的地方发生，而偏偏发生在地质图上断层很少的地区？2004年著名的地震专家安艺敬一来华讲学时，对美国地震学家将地震研究的主要精力集中在已知的一条断层上表示忧虑，而地震与断层的这种紧密关系正是安艺敬一在20年前提倡的。因此，无论是对地震发生地点的估计，还是对地震发生时间的预测，我们都还有很长的路要走。

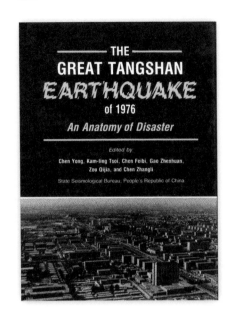

我和几个同事合写的书《1976年唐山地震——一次灾害的解剖》。1988年英国Pergamon Press出版

　　我和几个同事将唐山地震前后的所有资料，汇集成一本书，希望留下走过的脚印，并能引起新的思考，对今后的路有所帮助。

汶川地震（2008年）

汶川地震，发生于2008年5月12日（星期一）14时28分，此次地震的震级高达8.0，震中地震烈度达到XI度。地震波及大半个中国及亚洲多个国家和地区，北至辽宁，东至上海，南至泰国、越南，西至巴基斯坦，均有强烈震感。它是1949年以来中国大陆破坏力最大的地震。地震发生后，大家最关心的问题是灾区多大，灾害有多大，尽快部署救灾工作。

国务院晚7时在中南海召开紧急会议，参加会议的几乎包括了各部委的主要领导，作为中国地震局的代表（当时主要领导不

汶川地震震中区映秀镇受到破坏，地震烈度XI度（近90%的房屋倒塌或严重破坏）。巨大的地震造成了灾区交通中断、通信中断、电力中断、信息中断（新华社陈恺拍摄）

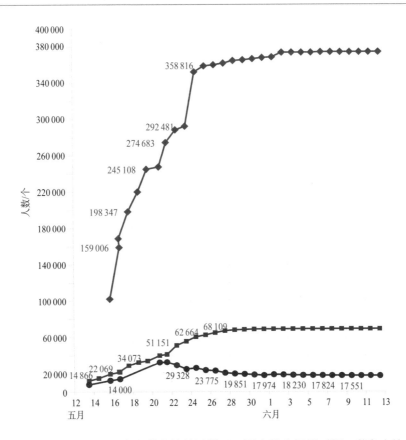

汶川地震后几天，人员伤亡数字的统计结果。图中横坐标是时间，蓝色方块——死亡；绿色方块——受伤；棕色圆圈——失踪。请注意：震后两周才了解到地震的伤亡大概结果

在北京），我也参加了会议。这次会议给我留下了深刻的印象：规格极高（几乎全是部长，非常重视）、人数多（所有的部委均到会）、信息少（关于灾区和灾情，一无所知）。汶川地区多山，多川，山高谷深，地形陡峭，巨大的地震造成了交通中断、通信中断、电力中断、信息中断。灾情不明，会议无法做出任何决定。

汶川地区气象和地理条件差，直升机低空飞行无法进入，汽车更进不去，路面都破坏了。汶川地震后两天，即5月14日，我空降兵15勇士不畏牺牲（跳伞前均留下遗嘱），勇敢地从5000米的运输机高空跳伞执行侦察营救任务，得到的死亡数字为14886，受伤数字是100000。查明了重灾区的范围。为组织大规模救援赢得了宝贵时间。

汶川地震最终公布的报告：死亡数字为69226，受伤数字为380000，但这是一个月后的结果。地震造成的死亡人数，从地震当天的一无所知，两天后的1.5万，最后到一个月后的近7万人，这种灾害评估的速度是否太慢了，对救灾来说，时间就是生命，能改进一下吗？

带着这个问题，我又工作了几年。我们如果能快速而定量地知道某个灾害的大小，事前可以采取不同的预防措施，事后就可以很快地采取相应的应急救援行动。传统的定量化由三个因素组成：自然灾害的破坏力、破坏对象、破坏力对破坏对象的易损性。

传统的灾害分析，"破坏力"由地质学家根据地下断层的探测而得出，且不说"地震生成断层，还是断层造成地震"这种"鸡生蛋，还是蛋生鸡"的哲理性问题，地质断层的探测就是个非常复杂、多解性的问题。而地震发生的长期历史却给我们许多地震位置、大小、频度等可靠的信息。传统"破坏对象"的处理方法，也有很多缺点，例如统计建筑物作为破坏对象，在大城市费时费力，而且工作量极大，统计完了，老建筑却拆了，新建筑又起来了。而且随着科技进步和社会发展，人口伤亡和软财富越来越成为破坏对象的主要部分。用GDP作为破坏对象的定量衡量，而又根据世界银行的人口分布密度作为社会财富的地理分布指标，解决了破坏对象的衡量和分布的问题。最后，考虑到富有的国家抵抗灾害能力强，贫穷的国家能力弱，于是以国家的富裕程度作为易损性的判断。这与传统的灾害损失评估方法完全不同。

1983年我在国际地震工程大会上的发言和提出的灾害定量化的分析方法，引起了国际社会和国内机构多方面的关注。

灾害定量化的研究得到了慕尼黑再保险公司（Munich Re）和瑞士再保险公司（Swiss Re）的好评和鼓励，它们向研究团队赠送了计算设备和大型打印机。

国际地震工程协会（International Association for Earthquake Engineering，IAEE）专门成立了由我领导的联合研究小组，将地震学、工程学和经济学结合起来，发展了整套新的方法，

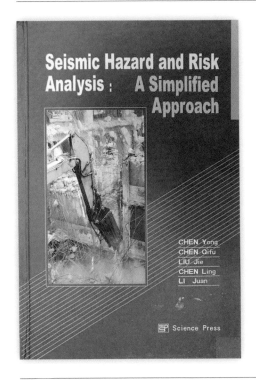

用历史发生过自然灾害的大数据提供"破坏力"；用GDP和人口计算"破坏对象"；用社会发展程度衡量"易损性"。完全把定量化的工作放到了大数据、机器学习和人工智能的框架处理。2002年出版的*Seismic Hazard and Risk Analysis：A Simplified Approach*一书被UNESCO（联合国教科文组织）选作在捷克和加勒比海五国培训班的教材

这种灾害损失预测的新方法，也得到地震工程界的重视。国际地震工程协会主席，美国斯坦福大学（Stanford University）教授Haresh Sha邀请我在世界地震工程大会作报告，邀请我在他的Risk Management公司访问一个月，他还派他的学生Rachel（图片最左）来北京学习3个月

定量地编制了第一张全球范围的地震灾害预测图。IASPEI（国际地震学和地球内部物理学协会）已正式批准该图以国际地震学和地球内部物理学协会名义出版，IAEE也同意资助该图的出版。1991～2000年我当选国际地震学和地球内部物理学协会（IASPEI）的地震预报和地震灾害委员会主席，2007年受美国地质调查局National Hazard Map项目首席科学家Mark Petersen邀请访问GOLDEN的GEOLOGICAL HAZARD TEAM，并获2007年度USGS（美国地质调查局）特别奖。

除全球范围分析外，中美洲6个国家、非洲等国目前都采用这种新的灾害分析方法，在国内外举行了多次培训班。

灾害快速评估的方法，思路是创新的，应用是可行的，受到研究和应用方面的高度评价。

汶川地震带给人们思考的另一个问题，是交通在地震时完全中断，而且震后的修复费力、费钱、效果不好。汶川地震时，24条高速公路受到影响，161条国级、省级干线公路受损，8618条

国内外举行了多次培训，这是1999年在危地马拉的联合国减灾署培训班上授课的情形

这种灾害损失预测的新方法，得到灾害保险行业的重视。1993年，中国人民保险公司（PICC）聘请我作为董事。瑞士再保险公司（Swiss Re）和慕尼黑再保险公司（Munich Re）资助了研究团队计算设备和大型打印机

因为这种方法，我受聘为国家减灾委员会副主任委员

这个方法用来预测2000～2010年中国大陆的地震灾害损失，和实际结果相当一致。预测的时间段越长，结果会越好

乡村公路受损，受损公路总里程达31412千米，直接经济损失约612亿元（交通部数据）。特别是极震区15条干线基本损坏，20余县乡完全封闭，打通时间超过170小时。交通的破坏给救灾工作带来极大的困难。

部分灾后重建的道路，屡建屡坏。灾后重建工程完工后：G213国道每年雨季断道3～4次，生命线变成"生病线"。03省汶川地震震中区映秀镇受到破坏，烈度XI度。汶川地区多山，多川，山高谷深，地形陡峭，是频繁发生滑坡和泥石流的地区。汶川地震震动强度巨大，地震诱发作用是普通的降雨根本无法相比的，引起了严重的滑坡和泥石流等地质灾害。规模大，数量多，影响严重，在世界地震灾害史上均是少见的。汶川地震最大的教训，是提醒人们重视"灾害链"的问题（郭华东供图）

道和绵茂路在2010年8月13日群发性泥石流灾害中，河道淤积几米至十几米，最厚淤积达30米，投资几十亿元即将竣工的灾后重建工程毁于一旦。

汶川地震突显了中国西部公路存在的问题，如何解决？

我参加了汶川地震的科学考察，特别对汶川地震公路灾害进行了现场调查，结果表明，相比路基和桥梁，隧道表现出较好的抗震性和避防灾害的能力，在汶川地震中，无一隧道完全塌陷，即使在高达XI度的极震区，受损隧道修复后也能全部使用。山区公路隧道发挥了很好的减灾和避灾的效果。

针对山区地形艰险，重力类灾害发育，对公路明线破坏严重，隧道少，抗灾能力弱的现实，我和科考队的崔鹏提出了建议："加强隧道公路建设，在西部公路实现跨越式发展。"

隧道公路的优点：

（1）明线的抗灾能力弱，隧道的抗灾能力强。

位于汶川地震震中区的龙洞子隧道，经受了地震烈度 XI度的考验，没有完全塌陷，受损隧道修复后也能全部使用。龙洞子隧道只是一侧出口被掩埋，稍加清除即可。山区公路隧道发挥了很好的减灾和避灾的效果（陆鸣供图）

（2）隧道公路不用征地、破坏生态环境。明线不但占用山区宝贵的耕地，还对生态环境影响很大；隧道基本不占用耕地，对生态环境影响较小。

（3）随着技术进步和人工费用增加，山区公路隧道造价趋于下降。

山区公路隧道造价（建安费）是一般明线路基的2～3倍。随着技术进步，以机械施工为主的公路隧道造价有下降的趋势，而以机械和人工联合施工为主的明线路基造价有上升趋势。考虑到隧道公路裁弯取直的结果，两种公路造价的差距有减少的趋势。要重视隧道方案综合效益。咨询建议提交后，被许多部门采用，取得了较好的效果。

汶川地震几年后，我们在汶川公路旁，看到了一块宣传标语牌，上面写着：

四川多山区，公路是动脉，

公路灾害重，意国经验好，

隧道加桥梁，胜过盘山路，

汶川高山峡谷型的地貌在西部具有代表性，这种地貌在科学上被称为阿尔卑斯地貌

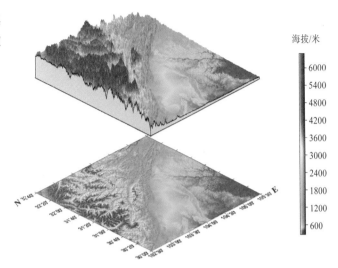

海拔/米

考察和调查了欧洲具有阿尔卑斯地貌的意大利和奥地利等国发现，山区公路隧道在减轻诸如滑坡、泥石流和地震等自然灾害方面有着广泛的应用，图为瑞士圣哥达铁路隧道（图片来源：中科院汶川地震考察小组，2009）

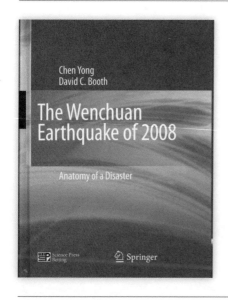

2008年汶川地震后，也写了一本书，
由科学出版社和Springer 出版

技术已过关，经济又不贵，

生态保护好，灾害减轻了。

从1966年起，我与地震结下了不解之缘，近60年的工作，前期主要是研究地震机理和地震预报为主的防灾减灾，后期研究利用地震产生的地震波探测地下结构的地下明灯，地震既可给人类带来"害"，也能给人类带来"利"，地震科学的发展前景是很广泛的，如果人还有来世，下辈子我还想与地震结下不解之缘。

地震后沿岷江修建的漩口隧道成为了新的马拉松赛道

映汶高速2012年10月底通车，成都到汶川只需90分钟

映汶高速滑坡路段专门安装了护栏拦截落石

加强隧道公路建设的建议，不仅在汶川地震灾后重建工作中被广泛采纳，而且在中国西部的公路建设中得到广泛的应用

第三章

人工震源

追梦人二十年

可以把每次地震比作一盏灯，它燃着的时间很短，但照亮着地球的内部，从而使我们能观察到那里发生了些什么。这盏灯的光虽然目前还很黯淡，但毋庸置疑，随着时间的流逝它将越来越明亮，并将使我们能明了这些自然界的复杂现象……

——俄国地震学家伽利津

"地震是照亮地球内部的一盏明灯"，天然地震是研究地球整体的大明灯，地震波是唯一能穿透地球深部的波动（光波、电磁波不能），天然地震产生的地震波穿透地球深部再返回地面，给人们带来了地球内部的信息，得到了对地球整体的认知。基于地震波探测而发展的板块构造理论引发了20世纪的地学革命。

　　地球宜居性的科学内涵和演化规律是21世纪的前沿科学问题。地表是地球宜居性的重要载体，地球科学是一门高度依赖观测技术的学科，通过变革性技术获取第一手观测资料是宜居地球研究所面临的新挑战。在研究近地表浅部结构时，天然地震数量有限，其位置精度不高，利用天然震源进行地下介质结构变化测量的时间、空间分辨率及精度都受到一定程度的限制。

　　利用人工震源主动向地下发射地震波是进行浅部地下介质变化监测的主要手段。最早使用的人工震源是炸药，据不完全统计，中国油气、煤炭等行业每年用于震源的炸药量高达百万吨的量级（相当于几十颗广岛原子弹的能量）。随着城市化进程和人们对环境问题的关注，炸药的使用受到越来越多的限制。为替代爆炸震源，人们先后发明了多种人工震源。20世纪50年代美

20世纪50年代美国康菲石油公司（Conoco Phillips）发明了陆地扫频震源（Vibroseis），扫频震源设备笨重、能量有限、软件复杂、成本很高

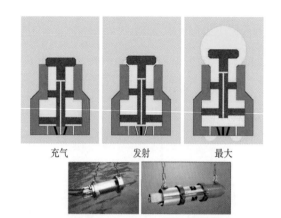

1968年美国BOLT公司发明了气枪震源，20年后，由于专利保护期满，气枪震源才广泛用于海洋石油勘探。图为气枪的结构原理

充气　　　　发射　　　　最大

国康菲石油公司发明了陆地扫频震源（Vibroseis），1968年美国BOLT公司发明了气枪震源。扫频震源主要用于陆地油气勘探，气枪震源主要用于海洋油气勘探。

对于大陆近地表的浅部探测，扫频震源设备笨重、能量有限、软件复杂、成本很高。而气枪震源广泛用于海洋，却从未在陆地使用过。

从1995年开始，我们用了十年的时间，对能在陆地上产生地震波的几乎所有的人工震源进行了试验：电火花、炸药、可控震源、落锤、MINI SOSIE（浅层随机源）、列车和地铁震动等。发现从保护生态环境、激发能力、接收信号后处理等方面，它们都不是理想的人工震源。1995～2005年是探索不成功的十年，对已有各种震源的理解，加深了对探索新绿色环保人工震源的迫切性的认识。

1996年，休斯敦大学周华伟教授建议在陆地移植气枪技术，剑桥大学丘学林教授带来了船上用的气枪借给我们使用，我和我的同事们开始了20余年的陆地人工震源的不间断的研究，逐步形

200千焦电火花，频率太高

吨级炸药，破坏环境

落锤能量不够

列车震源，移动源数据难处理

震源车，设备复杂，难进城

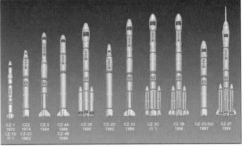

火箭喷射震源，助燃剂具毒性，成本高

从1995年开始，对各种人工震源进行了10年探索，遇到了各种问题。1995～2005年是探索不成功的十年

过去 20 年中开展的人工震源研究

时间	实验内容
1995 年 5 月	北京白家疃地震台电火花实验（能量不够，频率过高）
2002 年 4 月	首都圈地区进行的 6 次大当量爆破（破坏生态，成本高）
2003 年 8 月	对大秦铁路重载列车进行观测（移动源难处理）
2003 年 6 月	参加北京奥林匹克公园 MINI SOSIE 浅层勘探实验（深度不足）
2004 年 3 月	提出华北地震台阵探测计划 2004 年 12 月北京延庆铅球实验，探索震源编码（编码技术有用）
2005 年 4 月	山东东营不同当量炸药编码激发（多点炸药激发无法编码）
2005 年 4 月	渤海海上勘探气枪激发实验（成功）
2005 年 7 月	天津大港油田海上勘探气枪激发实验（成功）
2006 年 1 月	北京顺义可控源和爆破实验（设备和软件复杂）
2005 年 4 月	云南昆明小哨地震台落锤实验，观测到波速变化（能量不足）
2006 年 7 月	河北遵化上关湖水库实验，陆地水库进行气枪震源激发（成功）
2009 年 5 月	北京房山马刨泉气枪实验，探索在小型水池中进行气枪激发（水量太小）
2011 年 4 月	在云南宾川建成第一个固定地震信号发射台（成功）
2013 年 5 月	在新疆呼图壁建成第一个人工水体固定地震信号发射台（成功）
2014 年 11 月	福建尤溪街面水库实验，探索移动式水库气枪性能（成功）
2015 年 5 月	甘肃张掖地震信号发射台在祁连山腹地建成（成功）
2015 年 6 月	福建永定棉花滩、武平石黄峰水库实验，深部探测应用（成功）
2015 年 10 月	长江安徽段，移动气枪激发实验，深部结构探测（成功）
2016 年 12 月	江西景德镇甲烷爆轰试验（成功）
2017 年 11 月	东方地球物理勘探有限责任公司（BGP）替代炸药试验多次（成功）
2018 ～ 2020 年	各地上千次甲烷激发试验（成功）

点亮地下明灯 陈颙院士自叙

帮助主动源研制走过20余年的朋友们

上排左起：周华伟（方向性建议），丘学林（提供震源设备），郑哲敏（激发原理），于晟（基金管理），Walter D. Mooney（国际合作）；

下排左起：白以龙（力学解释），廖振鹏（建筑抗震），陈晓非（实际应用），Robert Hill（国际合作），马瑾（实际应用），陈宜瑜（国家自然科学基金委员会主任，以面上项目群方式支持创新性研究）

成了在陆地适用的绿色人工震源探测系统。

  研制适合陆地浅层探测的主动源系统，是个美好的梦想。要想"梦想成真"，非常不容易。1995～2005年试验了近十种激发方法，是探索不成功的十年。2006～2016年研究工作聚焦在陆地水泡震源的研制。2016年后扩展到气泡震源。二十余年追梦人的生活，给我们留下了难忘的回忆。

水泡震源（Air-gun）

1968年美国BOLT公司发明了气枪震源（Air-gun），我建议在中文中称其为水泡震源（回避"枪"字，为了工作方便，区别于维稳、反恐等敏感话题）。

第一次陆地激发地震波试验（河北遵化市上官湖，2006年）。中科院南海所、中科院地质与地球所、河北省地震局、天津市地震局、中国地震局地球物理勘探中心共同参与。这是一次漫长、困难而令人鼓舞的实验！气枪（6）是从中科院南海所借来的，压缩空气是租用的环卫公司垃圾处理用的空压汽车（1），浮台（3、4、5、7）、储气罐（2）等都是自己动手焊接的。特别感谢葛洪魁、丘学林、宁静、韦生吉、刁桂林、杜小泉、孙佩卿、聂永安等同志

2006年，我们准备移植海洋的气枪震源到陆地。遇到了想象不到的问题：寻找试验地点。在北京密云水库、官厅水库等地进行试验必须国务院批准，其他地区的水库要有无数的审批手续，不可能得到批准。于是，寻找试验地点的工作不断降级，从首都到大城市，从大城市到小县城，最后找到了河北遵化市的上官湖水库（"大跃进"时代修建的一个小水库，一个县管水库）进行试验。刚刚激发了一次，被赶到现场的遵化市水利局局长以激发的震动会破坏大坝的安全为由，下令停止试验。在水库旁的帐篷里我们一筹莫展，愁眉苦脸。突然有人高兴地挥舞一本小册子，上面的标题是：加强党的一元化领导。我们绕过了水利局，直接找到了市委书记，水库大坝每天都通行载重汽车，如果我们激发的震动比载重汽车产生的震动还小，请求书记批准我们继续试验。我们请到了国内最权威的第三方，进行了现场测量。最后得到了市委书记的批准。

上官湖的激发试验大获成功。激发的信号可传播几十千米。这是利用气枪作为人工震源的首次试验，一次绿色环保、大坝安

等待上官湖试验能被批准的消息，在帐篷里我们一筹莫展，愁眉苦脸

全、不死鱼、成本低、激发效率高的试验。

接着，我们把试验地点由遵化移回北京。在北京房山找到了一个无主人的养鱼池，水深15米。气枪激发效果很差，激发的信号只能传播2千米。这是一次完全失败的试验。

先后两次试验，一次大获成功，一次完全失败。为什么？关键在于对于气枪激发地震波机理的认识。水泡震源的机理是在水体中释放高压空气，引起有限水体的震荡，巨大的水体敲击地面激发向外传播的地震波。这与在无限海洋中激发地震波的原理完全不同：海洋中的激发原理是水体的自由震荡，而陆地的激发是由水体和地面的相互作用。陆地水泡震源激发地震波的类型取决于水体下的地面，激发能力取决于水体的深度和质量。

2017年，在南京市的一个小公园的水体（水最深3米，面积不到1平方千米，湖水的总质量约10万吨），成功地用水泡震源

2009年在北京房山马刨泉水深15米的养鱼池，水泡震源激发效果很差，尽管水比较深，但水池面积有限，水体质量太小（感谢徐平出色的试验组织工作）

先后两次试验，一次大获成功，一次完全失败。为什么？关键在于对于气枪激发地震波机理的认识不足。郑哲敏院士告诉我们：从海洋到陆地，技术可以移植，原理完全不同。陆地的激发原理是由水体和地面的相互作用，激发能力取决于水体的深度和质量

激发了地震波，地震波向外可传播5千米，可以覆盖周围100平方千米的区域，不扰民，不扰鱼，绿色环保。城市公园激发成功，带来了地震探测进入城市的希望，对地下空间的利用、地下流体探测等具有十分重要的意义。

明白了激发能力取决于水体的深度和质量的关系后，在郑哲敏院士指导下，新疆地震局的王海涛同志在乌鲁木齐附近的呼图壁挖了一个人工水体（2012），直径100米，深20米，蓄水5万吨，成功地激发了地震波。

水泡震源研究遇到的又一个难题是，一次激发的地震波传播距离十分有限，能不能把探测范围进一步扩大？我们惊奇地发现，多次激发，在远方接收到的地震波形都是一样的，其相似度超过99.99%，这是由于单次激发基本是无破坏的弹性激发，多次激发远处接收的信号高度相似，可以通过叠加使接收距离大幅度增加，这种"微激发"的数据处理技术，使得水泡震源成

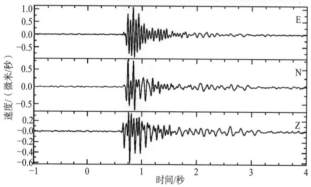

南京近郊的小公园（羊山湖公园）中气枪发射试验。不扰民，不扰鱼，绿色环保。左图是叠加78次的地震波记录。可探测周围近100平方千米的地下结构。城市公园激发成功，带来了地震探测进入城市的希望，对地下空间的利用、地下流体探测等具有十分重要的意义

为探测区域性地下结构的有力工具，受到国际学术界的高度重视。于是，我们在理解了水泡震源的激发机理的同时，发展了"微激发"的数据处理技术。从2008年开始，陆续建成了福建厦门、云南宾川、新疆乌鲁木齐（呼图壁）的固定的地震信号发射台。

　　几个激发地震波的固定发射台的建立，使人工源研究团队的人们倍受鼓舞。大家想，能不能到更大的水域去激发地震波呢？在网上查到长江流域图，其航道在安徽省平均最深，安徽铜陵的

2012年新疆呼图壁发射台

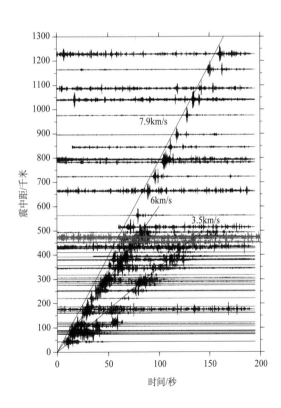

呼图壁发射的地震信号经过5000次叠加后，传播距离超过1000千米。可以在哈萨克斯坦和乌兹别克斯坦清楚地接收到发射信号。带来了发射点附近面积达300万平方千米、深达50千米的地下深部信息（感谢苏金波同志出色的工作）

航道深度甚至超过30米。又想到长江流域探测的重要性，2015年5月决定，秋季之前，开展长江激发试验。金星负责联系福建省科技厅的海上气枪船进入长江，并取得长江水利委员会办公室（长办）的批准。王夫运（中国地震局地球物理勘探中心）和董树文（中国地质科学院）负责部署长江航道安徽段两岸4000台地震仪。至少有10个单位的近千名科技人员参加试验。这是一个无项目、无经费（自带干粮）、有梦想的团队，自称"梦之队"。紧张准备了5个月，10月1日，长江试验开始，延续整整一个月。

2009年云南大理宾川水泡发射台

我在宾川发射台建成仪式上的讲话
（摘要）

今天世界上的地震台已有千千万万，但它们都是接受地震波的。云南省大理州宾川地震发射台，是世界上第一个不断向外发射地震波的地震台。在水库中激发地震波，鱼不死、坝不塌、传得远，是一种绿色、环保、与人类友好的完全崭新的新技术。

宾川台发射的地震波，定期给滇西十几万平方千米面积的地下做 B 超检查。为滇西的各级政府和社会公众提供更多的地下信息，为地震物理预测提供更多的探索。

这次利用人工激发的地震波给地球内部做 B 超，在管理上也是一件新事情。它不同于一般的申请立项—论证—组织队伍—执行—检查—验收的做法，而是"先生孩子后结婚"。利用水中气枪激发地震波的探索至少开始了 10 年了，一直没有立过项，始终存在经费问题。今天许多领导来到现场，支持鼓励我们。宾川台初步建成了，今后的路还很长，希望给这个台站一个户口，给个名分，给点运转经费吧。

跟着外国人的 SCI 走，出路是不大的，只有走创新的路，走自己的路，前途最光明。祝你们好运！

我在刘家峡主动源激发场址
论证会上的讲话
（摘要）

刘家峡水库总库容量57亿立方米，有效库容量41.5亿立方米，在这样一个大水体进行地震波激发是主动源十几年来没有遇到过的一个大好机会。

我们一直希望刘家峡的项目能够给永靖县地方经济建设和社会发展带来好处。永靖县发展农业、发展工业的条件都不是很好，但发展旅游业潜力巨大，以旅游业带动地方经济发展在国内外有许多成功的先例，目前每一年到刘家峡来的游客有300万，为此希望通过这样一个科学研究与科技扶贫相结合的项目来发挥我们的优势，能够给永靖县的GDP带来增量。这次会议探索将科研项目与扶贫和旅游相结合，试图走出一条新路。

2019年甘肃刘家峡水库水泡发射台

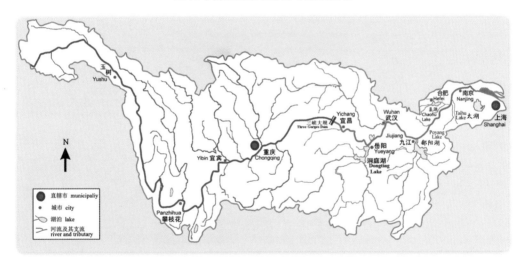

长江流域图。长江是亚洲第一长河和世界第三长河，也是世界上完全在一国境内的最长河流，全长6300千米。从宜宾至长江入海口，航道长2800余千米。长江流域覆盖19个省级行政区。长江流域覆盖中国大陆五分之一的面积，养育了中国大陆三分之一的人口。它是中国最大的经济带。探测地下结构和变化，对于长江经济带的矿产、能源、大地构造演化、交通、水力、考古等具有显著的意义

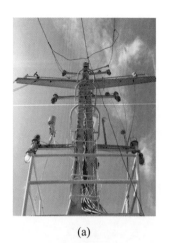
(a)

(b)

长江水泡震源激发试验。（a）改造海船信号灯系统，换上江轮船员。（b）一路前、后、左、右四条护卫船保驾护航

2015年10月，在长江安徽段330千米的航道中激发了5000次压缩空气，两岸布置了4000台仪器接收地震波。参加试验的科技人员1000人。这是一次无项目、无经费的科学试验，大家笑称这个团队是科学上的"梦之队"

4000 台

5000 炮

1000 人

长江试验的科学探索，得到了学术界的支持和帮助。亲自参加试验的有高锐、陈骏、窦贤康、傅伯杰、李建成、陈晓非等多位院士。还有许多单位的专家：于晟（国家自然科学基金委）、赵和平（中国地震局）、董树文（中国地质科学院）、彭斌和魏建晶（科学出版社）等（2015年10月14日）

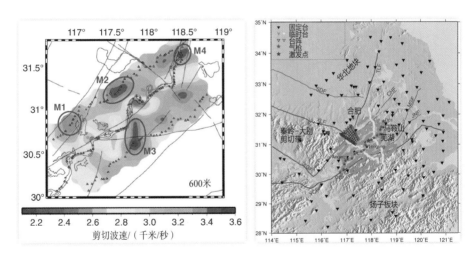

获得的安徽浅部结构，发现了地下600米几个明显的地震波高速区（蓝色），与安徽省已知的矿集区呈高度吻合。而沿长江区域呈明显低速。M1：安庆矿集区；M2：庐枞矿集区；M3：铜陵矿集区；M4：宁芜矿集区。2016年地质部门在2015年试验发现的最东边的高速区，发现了新的金属矿。这对水泡震源工作是极大的鼓舞

Eos, Vol. 93, No. 5, 31 Janaury 2012

EOS, TRANSACTIONS, AMERICAN GEOPHYSICAL UNION

VOLUME 93 NUMBER 5

31 JANUARY 2012

PAGES 49–56

Transmitting Seismic Station Monitors Fault Zone at Depth

PAGES 49–50

Imaging subsurface structure and monitoring related temporal variations are two of the main tasks for modern seismology. With the accumulation of seismic data, clearer and clearer pictures of the Earth's interior are being achieved. However, precise monitoring of subtle subsurface changes associated with tectonic events remains tricky and is subject to high-performance repeatable seismic sources. Although many observations have been reported on temporal seismic velocity changes in fault zones and volcanic areas, velocity change measurements based on passive sources, such as earthquakes and ambient seismic noise, are limited in resolution by the repeatability and by the spatial and temporal distribution of natural events.

Gaining finely scaled information thus relies on artificial sources of seismic energy, which have long been used to monitor the subsurface [e.g., *Reasenberg and Aki*, 1974; *Yamaoka et al.*, 2001]. However, monitoring precision is strongly affected by properties of the source, whether it be a controlled explosion, a thumper, or a shaker. Among all source properties, repeatability and source energy are two key factors: Sources that can be repeated easily and frequently with high energy conversion efficiency (the ability to transfer mechanical or chemical energy to seismic energy) are favorable for subsurface monitoring.

To gain the needed high repeatability and high energy conversion efficiency, scientists have built a new type of seismic station, called the transmitting seismic station (TSS). Different from traditional seismic stations, which record ground motion passively, TSS is an active seismic station that can routinely radiate seismic energy. It is heavy-duty, easily controllable, and environmentally friendly. Most important, TSS works in the frequency range of existing seismic networks, which makes the signal recording easier than high-frequency controlled seismic sources. To test this device, a TSS was deployed in April 2011 at the northern section of Red River Fault (RRF) in Binchuan, Yunnan province, China. Home to more than 3 million people and prone to earthquakes exceeding magnitude 7, the RRF system represents a great regional seismic hazard. Because TSS provides an opportunity to continuously monitor subsurface changes at regional scale (~100 kilometers), it will help scientists comprehensively understand the dynamic evolution of the RRF system at depth.

TSS: A Large-Volume Air Gun Array Source

At its heart, TSS is based on an air gun array. After their invention in the 1960s, air

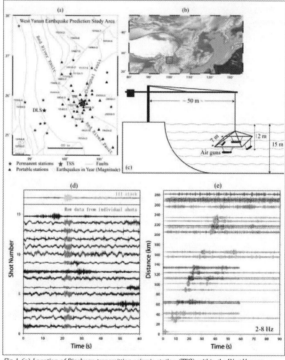

Fig. 1. (a) Location of Binchuan transmitting seismic station (TSS) within the West Yunnan Earthquake Prediction Study Area (WYEPSA). (b) Location of the WYEPSA in China (red box). (c) Scheme of the air gun array for the Binchuan TSS. (d) Seismic records from station DLS, 112 kilometers west of the source. Seismic signals from individual air gun array shots can be identified from raw data of station DLS. (e) Stacked and band-pass (2- to 8-hertz) filtered recording section (stations within 240 kilometers clearly registered P and S waves with fairly high signal-to-noise ratio).

2012年用水泡震源激发地震波探测地下断层的工作，被美国地球物理学会的刊物（EOS）在头版报道

2018年美国《地震研究通讯》（SRL），为我们的水泡震源研究出了专辑；2021年美国的《地震学报》将我们的水泡发射台作为封面文章；2021年中国科协评选地球科学十篇优秀论文：水泡震源排名前三

除了水泡震源的研究论文外，还产生了一些专利和软件著作权

气枪成果多次获奖

　　水泡震源的研究是有强烈的社会需求驱动的。20世纪板块构造理论使地球科学获得了对整个地球结构的认识（大），新世纪更关心宜居地球问题（小），即更关心人类生存的地球的浅部探测问题。中国国家自然科学基金委员会提出的新世纪地球科学发展战略是"宜居地球的过去、现在与未来"。相信水泡人工震源在未来会有更广泛的应用。

气泡震源（甲烷爆轰）

当没有合适水体时，人工震源怎么办？

2017年12月，南京大学联合国内多家单位在江西景德镇朱溪钨矿区开展了主动震源激发和观测试验。由于矿区在丘陵和山区，交通极为不便，一台参加试验的可控震源车坠落山下，司机跳车，幸免于难，但几百万的设备报销了。我深刻地感到：除了水泡震源外，我们还需要第二种人工震源。

水泡震源是机械能震源，我们的目光转向了化学能震源。爆轰（detonation）是一个伴有大量能量释放的化学反应传输过程。能够发生爆轰的系统可以是气相、液相、固相或气-液、气-固和液-固等混合相组成的系统。通常把液、固相的爆轰系统称为炸药。而气相爆轰的一些特点引起了我们的注意。

甲烷和氧气在密闭容器中混合点火可发生爆轰反应，爆轰产生的高压气体瞬间释放产生的地震波，可作为一种新型人工震源。甲烷震源爆轰反应产物为水和二氧化碳，对环境无害，是一种绿色的化学气相震源；甲烷在自然界的分布很广，是天然气、沼气、坑气等的主要成分；甲烷在空气中爆轰浓度范围稳定可靠（5%～15%），甲烷浓度低于5%不会爆炸，甲烷浓度高于16%，则会直接燃烧，比如家里的燃气就不会爆炸，只会安全燃烧。

2017年12月，多家单位在江西景德镇朱溪钨矿区开展了甲烷爆轰试验。气泡震源由流体物理研究所提供（高速推进技术研究是他们的专长，感谢王翔出色的工作）。产生地震波的能量相当于1～2千克炸药，地震波的优势频率为10～80赫兹，传播距离可达10千米。

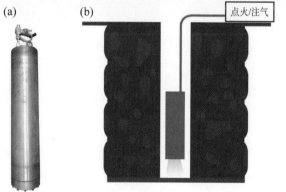

2016年景德镇地下5米的甲烷爆轰现场（气泡震源由流体物理研究所提供）。将一个空容器放入地下，灌注甲烷和氧气，点火后产生爆轰，生成水和CO_2，绿色环保，产生的地震波可覆盖周围100平方千米的面积。离房屋的安全距离约为30米。30米外，地面加速度为40伽，相当于地震影响烈度Ⅵ，低于建设部门规定的房屋抗震设防标准，可视为激发距房屋的安全距离为30米。甲烷震源对50米外的农村房屋无影响

　　气泡震源（甲烷爆轰）的研制成功，是人工震源由机械能向化学能的一次转变。化学能激发地震波的转换效率要高于机械能，但使用化学能震源时，一定要注意其安全性。历史上在使用化学能时出现的事故很多，诺贝尔研制炸药时发生爆炸，亲弟弟不幸罹难，父亲老诺贝尔虽然没有丢掉性命却变成了半身不遂。2016年年底，我们在野外试验工作时也出现过人员伤亡事故。从事故的性质（责任事故还是意外事故）、事故的来源（国家项目

"地下明灯"江西探矿实验研讨会合影留念

还是个人兴趣）、伤亡人的情况（有无劳动合同）向上级写了报告，事故处理用了近一年的时间。

气泡震源已经成为探测地下浅部结构（1～2千米）的一盏小明灯：

2017年12月，景德镇钨矿勘探试验；

2018年12月，山西晋中煤炭勘探试验；

2019年3月，德阳多种震源对比试验；

2019年4月，三河市三维勘探项目；

2019年5月，德阳三岔湖浅层勘探；

2019年6月，云南楚雄浅层勘探项目；

2019年7月，重庆石龙峡深层项目；

2019年8月，绵阳型号对比试验；

2019年9月，中国地震局湖南项目；

2019年11月，中石油犍为项目；

2019年12月，中国地震局北京项目；

2020年1月，中国科大西昌项目；

2020年1月，中国地震局西昌项目；

2020年6月，广东省地震局项目；

2020年8月，"透明南大"项目；

2020年8月，德阳多种震源对比试验；

2020年8月，中科院海南项目；

2020年10月，中国地质科学院青藏高原项目；

2020年12月，广东地震局项目。

天上有北斗，地下有明灯

新技术、新手段的应用推动了地学研究向定量化和综合性发展。例如，高精度同位素测年设备为厘定构造变形、岩浆活动和变质事件提供了更精确的时间约束，成为岩石学、地球化学和构造地质学研究的必备手段。这两年全球高被引频次的十大中国地球科学家，大多数都得益于这种技术的进步。

21世纪地球科学面临的挑战是如何获得高精度的地下三维结构，为资源勘查开采、防震减灾、国土规划和管理提供可靠依据。天然地震的震源分布不均，震源定位存在误差，限制了地下结构探测的分辨率。开发安全、环保、高效的人工震源，使用地球物理的新技术、新方法进行多尺度、高精度地下结构探测，满足国家向深地要资源、要发展空间的需要，是从"地学大国"走向"地学强国"的突破口。

人工震源是使用地震波探测深部结构的"明灯"。中国学者在新疆乌鲁木齐附近的人工水体中使用压缩空气，用大容量气枪激发地震波，发展了地震微探测技术（控制激发能量，多次微弱激发，大数据编码处理，增加探测范围，做到了有源探测，近处无破坏，远处收得到）。传播距离超过1000千米，带来了发射点附近面积达300万平方千米、深达50千米的地下深部信息。建议在全国建立十几个激发地震波的气枪发射台（"大明灯"），可以对中国大陆进行长期连续的大尺度全覆盖探查。

从2006年开始，我国已建成了新疆乌鲁木齐、云南大理、福建厦门、甘肃祁连山、甘肃兰州刘家峡、陕西宝鸡等水中气枪发射台，实验效果非常好。哈萨克斯坦也计划建立水泡地震波发射台。如果在全国建立十几个激发地震波的气枪发射台（"大明灯"），可以对中国大陆进行长期连续的大尺度全覆盖探查，进行区域大尺度结构探测和构造活动区的地震危险性监测。压缩天然气（甲烷）做成的人工气枪震源安全、环保、高效，可作为高精度浅层地下空间勘探开发中的"小明灯"，用于城市地下空间开发、场地评估、地震活动带调查、深部找矿等。大灯配小灯，可开展多尺度、多精度地下结构探测，从而实现"天上有北斗，地下有明灯"，那时，中国"天上有北斗，地下有明灯"，这才是把研究成果写在祖国的大地上，为世界科技发展做出中国科学家的贡献。

我们知道，认识创新性和变革性的新领域，需要一个过程。一开始期望有大量的资助和支持，是不现实的。重要的是，选择研究方向，坚持研究方向。一棵小苗，几年就可以开花结果；一棵大树，成长需要更长的时间。选准方向，坚持最重要。方向比努力更重要，情商比智商更重要。

主动源研究需要有一个大型的团队，因为研究涉及理论创新、设备研制、野外现场试验、组织协调、软件攻关等许多方面，需要一个跨部门和跨学科的团队。传统的团队组织方式是不适合的。基础研究带有强烈的个体性，一般情况下，有重要意义的科学思想都是由极个别人首先提出，然后再以它们潜在的价值或广阔的前景等为人们所接受，个人的创新活动离不开研究集体，没有任何一个人能够凭借个人的力量创造奇迹。当两块铀235合并为一块，并且其质量超过"临界质量"时，就会发生核裂变反应，释放出大量的能量。对于一个研究集体，同样也存在着"临界质量"，在达到这个"临界质量"之后，研究成果便会如雨后春笋般不断地产生。团队的学术气氛很重要，学术环境经常比导师还重要。要形成这样的团队，一靠"方向"，让参加工作的人感到做这件事是有意义的；二靠"情商"，让参加工作的人感到加入了一个朋友团队，是为自己做事。不管你智商有多高，如果处处只想着自己，谁愿意和你合作呢？

近二十余年，我一直致力于建立一个具有"临界质量"的科研团队，自然科学发展很快，"学术带头人"更换得也很快，这是科学发展本身的规律。"各领风骚能几年"成为这一时代独具的特色。我希望而且也相信，会有更多的年轻人脱颖而出成为科学事业的骨干。

二十多年来，在人工震源研究团队的年轻人，今天已成为人工震源研发的主力军和学术带头人。主动震源研究工作涉及不同的部门、大学和研究所。将不同单位的年轻骨干组织起来，经常进行研讨和培训，为团队的不断发展和更新，提供了一种新的形式。

"路漫漫其修远兮，吾将上下而求索。"我希望以绿色震源为核心的技术系统，能主动揭开地球的神秘面纱，让地球像一个"水晶球"似的展现在我们面前，这是我们孜孜以求的目标。

点亮地下明灯 陈颙院士自叙

20年间，在研制绿色人工震源的过程中，
形成了一个不断更新的研究团队，每排从左起：

第一排　葛洪魁　金　星　王宝善　姚华健　徐　平
第二排　乔学军　袁松涌　杨　微　王伟涛　张先康
第三排　林建民　胡久鹏　董树文　郭　建　杨　军
第四排　金明培　任金卫　王海涛　姚大年　王兰民
第五排　吴忠良　王　彬　王夫运　陶知非　张元生
第六排　张东宁　陈　蒙　韦生吉　蒋生淼　徐逸鹤

第四章

岩石物理学

建交前的美国行

岩石是由一种或几种矿物和天然元素组成的，具有稳定外形的固态集合体，如花岗岩由石英、长石和云母等矿物组成。岩石在人类进化中具有重要意义，因此，人类的第一个文明时期被称为石器时代。岩石一直是人类生活和生产的重要材料和工具。

我们脚下的岩石不同于一般的材料（金属、玻璃等）。一是普通材料多是固体（固相），而岩石既有固体骨架（固相），岩石中的裂隙还存在流体（液相）和气体（气相），普通金属和玻璃等材料是单相体，而岩石是多相体。地下岩石中有地下水，油田下的岩石有石油和天然气。因此，研究多相体的性质对于人类生活是很重要的。二是普通材料（金属、玻璃等）不是受拉，就是受压，受力状态简单。而地下岩石受力状态要复杂得多，既有顶部岩层的压力，又有周围岩石限制变形的围压。多数材料处于常温的环境中，而岩石处于地下的高温环境中。一般埋深越深处的温度值越高，以每百米垂直深度上增加的摄氏度数（℃）表示。不同地点地温梯度值不同，通常为1～3℃／百米，火山活动区较高。地下1千米的岩石，温度约为30℃，压力约为250个大气压，地下10千米的岩石所处的环境为300℃和2500个大气压。高温和高压是地下岩石所处的环境，这和普通材料（金属、玻璃等）是非常不同的。

岩石是构成地球的基本材料，地球上99%的岩石都处于600℃和1吉帕（GPa）（约1万个大气压）以上的高温高压状态。岩石高温高压实验工作开始于20世纪20年代的美国，其间造就了许多有名的岩石物理学家，像Bridgeman由于其杰出的研究成果荣获1954年的诺贝尔物理学奖。20世纪70年代初，国家号召加强基础研究。研究所安排我负责筹建一个高温高压实验室，研究在地球深部环境下岩石变形及破裂的物理性质，以便为地震预报提供部分理论基础。

岩石物理实验室

实验室的筹建从硬件开始。实验室不能建在大楼里，上万个大气压的实验如有事故，会给整个大楼带来不可想象的后果。我们利用一个废弃的平房，加高和加厚了墙壁，换上了轻质的屋顶（万一有事故，给高压液体和气体留下了出路）。在上海大隆机器厂的协作下，研制了高温高压三轴容器、全场性精密变形测量的脉冲激光全息装置，引进了计算机伺服控制加载系统。

实验室的研究工作围绕岩石破坏的中心问题展开。回答两个问题：岩石为什么会破坏？岩石破坏的方式是瞬间猛烈破坏还是缓慢的破坏？

（a）利用废弃平房建成了岩石物理实验室（简陋的外观）。结实的墙壁，轻质的屋顶，为了安全，一旦实验的高压介质发生泄漏，其体积可扩大千倍，轻质的屋顶可使高压介质有路可逃。照片左起：赖德伦、姚孝新、陈颙、王其允、林中洋、郝晋生、王耀文、张来凤。（b）实验室简陋的外观和实验室内部的先进设备形成了鲜明的反差。1974年，国内第一套10000大气压的高压实验设备研制成功

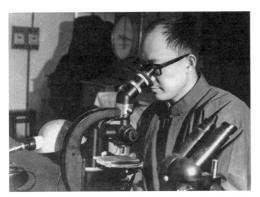

不久，国际上第一套能进行全场性精密变形测量的脉冲激光全息装置在北京光电技术研究所的帮助下研制成功，随后引进了计算机伺服控制加载系统

（a）实验室的同事们。左起：姜大顺、刘晓红、郑杰、张来凤、陈颙、于小红、姚孝新、耿乃光、李永哲、郝晋生、傅祖强。研究所的领导非常支持实验室的建设，给实验室派来了许多新人，但对于"高压和高温"内容了解不多，派来的人有的是高电压专业，有的是高温冶金专业。但不久，大家就形成了一个新的专业团队。（b）美国麻省理工学院（MIT）的黄庭芳博士经常访问实验室，给予我们很大的帮助

针对第一个问题，我们还发现了一个与传统观点不同的现象，即地下岩石的破坏与地面上测量得到的岩石强度无关，而与地下岩石受到的"差应力"有关。地面上的一根花岗岩柱子，其受力是垂直方向的力（一个方向的力），当它承受的应力超过其强度时，柱子就会发生破坏。假定这根柱子截面积是100平方厘米，花岗岩的强度约为2000千克/厘米^2，这根柱子能承受200吨的压力。再来讨论地下同样的花岗岩柱子，在垂直方向受力后，柱子横向膨胀，柱子周围的岩石一定会产生一种反抗压缩的应力，加到柱子的侧面，于是柱子受到三个方向的力：垂直方向和两个水平方向，岩石是否破坏，不再由岩石的强度决定，而取决于垂直方向和两个水平方向的差值（"差应力"或称"剪应力"）。地面上没有水平力，破坏用强度表示。而地下存在水平方向的力了，差应力的存在大大提高了柱子的承压能力，许多情况下，同样柱子能承受2000吨的压力。

一般的材料（地面上），增加外力超过简单的强度，材料会破坏。对岩石（地面下），一个方向的力不增加，另一个方向的力减小，"差应力"增加了，岩石也会破坏，决定岩石破坏的关键性因素是"差应力"。不仅当总能量增加时岩石会发生破坏，当能量减小时，一样会发生破坏。

针对第二个问题，岩石的破坏区域和其邻近外界区域存在相互作用。当外界区域的刚度比破坏区域刚度大时，破坏将是缓慢的；反之，破坏将是瞬间猛烈的。研究地学中地震、滑坡、泥石流等灾害的成因，应扩大研究的视野，应将灾害区和其周围区域作为一个整体，从系统失稳的综合角度予以考虑。傅承义先生首先肯定和高度评价了这样的实验结果，这些成果在一些国际学术刊物上发表后，引起了国际学术界的广泛重视。美国原子能委员

全国科学大会（1978年）。授奖台上，少先队员给获奖代表戴红领巾。右图中戴眼镜的是我，左边是计算机专家杨培青，右边是数学家杨乐

会尤其注意到了岩石破裂研究的结果在核废料处理问题上的潜在应用价值。

短短几年的工作，获得了1978年全国科学大会的奖励。

岩石热开裂与核废料处理

核废料处理问题一直是核研究者与普通民众共同关心的焦点问题之一。20世纪70年代，核电站产生的核废料大多放在地壳深部的花岗岩中。花岗岩受热后，岩石内部的微裂纹是否扩展将涉及核废料深埋地下的安全性，是一个十分重要的科学问题。特别是70年代美国三厘岛发生核泄漏事件后，社会公众对于核废料处理的安全性更加重视。截至2018年，全球有38个国家的400多座核电站在运行，将核废料埋在永久性处置库是目前国际公认为最安全的核废料处置方式，但处置库的选址仍是有争议的问题。

1978年，中美建交之前，受王其允教授邀请，我赴美国加州大学伯克利分校从事核废料处理方面的岩石物理学基础研究。我用自己熟悉的声发射（AE）技术来监视花岗岩中裂纹随温度的发展和变化。花岗岩在70℃左右时，内部出现大量裂纹。因为构成花岗岩的几种矿物成分，如石英、长石和云母等具有不同的热

王其允教授和我

我在美国加州大学伯克利分校

膨胀系数，结果在加热到70℃时，矿物颗粒之间的晶界被撕开，形成了许多流体可以流动的新通道，岩石的渗透率增加了。我还发现了岩石热开裂的记忆性，即热开裂的温度不可逆性。这些热开裂研究的论文，即便今天，仍被国际上广泛引用。

于是产生了一个重要的概念问题：把不断发热的核废料（半衰期几百年甚至几千年，不断继续发热），放到原来结实越烧越不结实的岩石中，还是放到原来不结实越烧越结实的介质中去？这为核废料处理提出了挑战性的概念。从微观裂纹产生的机理到产生岩石宏观性质变化的现象和机理，如逾渗理论（Percolation），构成了当前关于岩石破裂和输运（Transport）特性研究的前沿课题。

花岗岩的热开裂特性已被用于核废料处理的安全检测，在石油的三次开采方面，碳酸盐岩和砂岩的热开裂现象也有着巨大的

GEOPHYSICAL RESEARCH LETTERS, VOL. 7, NO. 12, PAGES 1089-1092, DECEMBER 1980

THERMALLY INDUCED ACOUSTIC EMISSION IN WESTERLY GRANITE

Chen Yong* and Chi-yuen Wang

Department of Geology and Geophysics, University of California, Berkeley, CA 94720

Abstract. The acoustic emission of Westerly granite subjected to temperature changes up to 120° at various heating rates from 0.4 to 12.5°C/min was studied. A threshold temperature of 60 to 70°C appeared to exist for this range of heating rate, above which A.E. began to occur profusely with increasing temperature. Above the threshold temperature, the rate of A.E. depended strongly on the rate of heating. However, a thermal'Kaiser' effect appeared to exist such that in cyclic heating and at temperatures below the maximum temperature reached in the previous cycle, very few A.E. occurred irrespective of the heating rate in the subsequent cycles. We suggest that there is an equilibrium state of the thermally induced cracks, which is a function of temperature but is independent of the heating rate; in the slower experiment, the equilibrium state of crack extension is achieved by slower growth, which is associated with smaller amounts of acoustic emission.

two sets of experiments to study the thermally induced acoustic emission (later abbreviated as A.E.) in Westerly granite in the temperature range of 20-120°C. In the first set of experiments, the A.E. at different heating rates (from 0.4°C/min to 12.5°C/min) were investigated. In the second, the A.E. under cyclic temperature changes with various heating rates and amplitudes were examined.

Experimental Procedure

Westerly granite was chosen as the test material because most of its properties are known. The test samples were drilled from a single block of rock. The samples were 1.91 cm (3/4") in diameter and 3.81 cm (1 1/2") long and were left to dry in air for at least one week. The samples were then jacketed in copper foil. Temperature was measured by a copper-constant thermocouple soldered on the copper jacket; resolution was

---

岩石热开裂的论文。结晶岩石受热后，膨胀系数不同的矿物之间出现裂纹，这是岩石的热开裂现象

应用潜力。

　　从事岩石物理研究，对我是个全新的领域，只有从头开始学习，并把学习的结果写成了笔记，由笔记慢慢变成了讲义，在中国科大北京研究生院教了3年，后来北京大学的王仁教授阅读讲义后，建议出版，并为该书写了序。该书对从事地球研究和资源探测的人员有帮助，出版后受到好评，多次再版，并被列为国家自然科学基金研究专著。

2001年该书内容由力学扩大到重、磁、电学后，改名《岩石物理学》，作为国家自然科学基金资助的重点专著出版。20世纪90年代末，我多次访美。其间有一件小事儿让我久久难以忘怀：在几位学术颇有建树的旅美中国学者的办公桌上，居然见到了那本我撰写的、1988年出版的教科书，尽管书已被翻看得破旧不堪。更令人感动的是，几位学者手中使用的竟是那本教材的复印本。仔细想一想，一本好的教科书应该具有可读性、基础性和实用性，三者缺一不可。1988年版的教科书之所以受欢迎，可能是不自觉地与这些特点沾了边的缘故吧。

2009年，该书的内容进一步扩展，由理论、实验和数值计算三部分组成，再次出版。这三本书出版的时间几乎延续了20年，学术界有较好的评价。

前　言

　　地壳的岩石力学性质是地质构造运动（包括地震）研究的一个基本问题。它对岩石工程建设、地震预报都具有很重要的实际和理论意义。对这些问题显然需要研究岩石的变形特性、破坏强度和机理、岩石在渗水等环境因素下的性能等，这是事物的一方面。另一方面它们还要求知道所在地区的地应力分布情况，面在研究一个区域内的地应力场时，岩石力学性质也是最基本的资料之一。我们知道在近地表处的岩石是脆性的，不过它在围压条件下，在宏观上却可以变成是韧性的，它可以继续承受载荷而发生较大的永久变形。人们还发现受压岩石在到达峰值应力时，由于周围岩石刚度的影响，并不立即破坏，而是随着变形的增长仍能保持宏观上的完整性和承受一定应力，其大小随变形的增长而减小，从应力-应变曲线看，形成一种应变软化的模式。这在地下建筑的设计，在地震前兆和地震过程的研究中都是重要的现象。由于近些年来实验技术的发展以及工程和地震研究的需要，岩石力学性质的研究有了很大的进展，岩石力学的书刊尤如雨后春笋，都有看不过来的感觉，对于初学者尤其感到困惑。陈颙同志编写的这本《地壳岩石的力学性能——理论基础与实验方法》一书却是很及时的，对于这方面工作的同志将会有很大的帮助。

　　本书着重介绍了在地壳中进行应力分析所需要了解的岩石力学性能、破裂特性，并侧重于探讨与地震前兆机制有关的过程。书中关于应力-应变全过程，对于孔隙水如何影响岩石力学性能，对峰值应力后的软化模型，断裂力学及摩擦特性等方面的介绍具有特色。本书引进和提供的许多新的资料，以及作者和他的同事们的科研成果，指出一些尚待解决的问题。本书第二篇详细地介绍

· 3 ·

1988年王仁先生为我的书《地壳岩石的力学性能》写的前言

第四章　岩石物理学　建交前的美国行　　103

岩石物理与页岩气开采

能源是我国经济发展面临的重大问题。一个国家，油气等能源对外依存度存在国际安全警戒线（70%）。2018年，我国原油对外依存度达71%，天然气对外依存度达43%。预计2035年，我国原油对外依存度近85%，天然气对外依存度近80%。严峻的事实是，对国家来说，石油已经超过了国际安全警戒线，而天然气也很快达到国际安全警戒线。

因此，页岩气是我国重点发展的清洁能源，是由传统能源向新能源过渡的必由之路。

美国掀起的"页岩气革命"，意义重大，美国从最大的能源进口国变成了能源输出国。为全世界的能源问题带来了新的思考。

跟随美国"革命"的只有加拿大、阿根廷、中国等少数国家（2018年全球产量：美国为6276亿立方米，中国为108亿立方米，加拿大为53亿立方米，阿根廷为43亿立方米）。近150个国家采取观望态度。由于页岩气开采中存在"水污染、诱发地震、高成本"等问题，欧盟等五十几个国家（英、法、德、荷兰、瑞士、瑞典、澳大利亚、捷克、罗马尼亚、保加利亚等）颁布无数法律文件，明确禁止开采页岩气。为什么对待页岩气革命，"革命的"这么少？"反革命的"这么多？

页岩气是产自富有机质黑色页岩中的天然气。页岩储层超致密，孔隙度很小，渗透性很低，天然气很难跑出来。常规油气，多形成于新生代的岩石（如砂岩），砂岩的孔隙度高，渗透率高，油气容易开采。页岩油气，多产于古生代（2.5亿年以前），年代比常规油气要老得多，是自然界留给我们的珍贵财

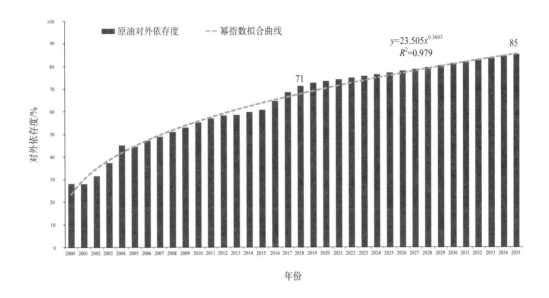

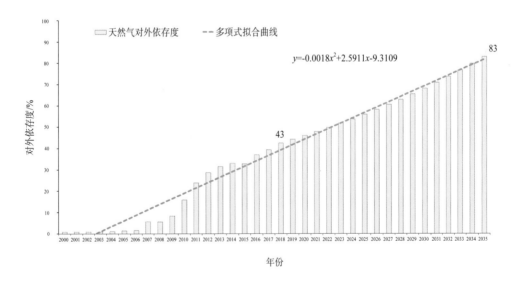

中国现有趋势下原油和天然气的对外依存度预测，国际安全警戒线（70%）

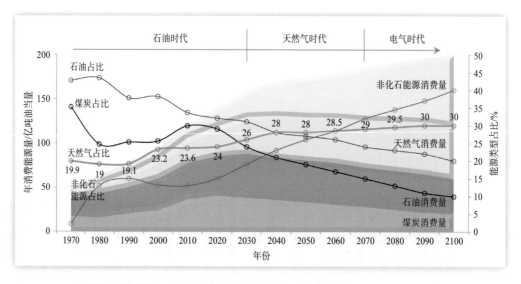

页岩气是传统能源过渡到清洁能源的必由之路（据国家能源局，2018）

富，能长期保留至今，表明它不易开采，除非有特别的新技术手段（水力压裂和水平井技术），提高页岩的孔隙度，用人工的方法改变页岩的渗透率。针对美国特定地质环境发展起来的开采页岩气的方法面临许多新问题（地震、水污染、成本高），很难推广到全世界的其他地区。

2015年以来，随着四川盆地南部页岩气的规模化开采，当地的地震活动显著增加。四川盆地是中国文化比较发达的地区，地震的历史记录相对完整可靠，仅2021年四川盆地发生的地震数量就超过了过去2000年历史上记录全部地震数目的总和，特别是2021年9月泸州发生了6.0级地震。无论是数目还是强度，地震活动显著增加。

2019年2月四川盆地中的荣县发生地震（4.7级、4.3级、4.9级），房屋破坏，人员伤亡。地震多次发生，且地震的时间、地点、深度与页岩气平台施工情况高度重合，加之群众亲身体验了多次页岩气平台开工即发生地震，停工即不发生地震的过程，已经认定地震与页岩气开采有直接关系。但当地的油气部门却有不同意见。地震活动与页岩气开采是否有关，再一次引起民众关注。几千群众包围荣县政府，大规模的群众聚集事件惊动了四川省政府和国务院。

当地政府立即停止荣县范围页岩气开采；国务院派出专家组赴现场调研，作为第三方的专家组，由七个单位的七名院士组成，我任专家组组长。专家组没有包括油气部门的专家。但我很尊重他们，不断向他们请教和学习，在调研结论方面，本着对国家负责的态度，不受他们的影响，保持调研结论的独立性和客观性。国务院专家组和当地油气企业、政府一起，进行了大量的调研工作。调研中发现，科研人员、油气企业、地方政府和当地民众对于页岩气开采和地震发生的关系，在科学认识和利益分配方面存在不同的认识，有时甚至是完全对立的观点。在这种情况下，专家组应如何开展工作？

在人类的活动已成为改变自然界的不可忽视的力量的今天，讨论页岩气与地震的关系，一定要将科学与社会联系在一起考虑。早期，人类活动的力量无法和大自然相比，基本上处于"听天由命"的状态。随着人类数量的增加和科技的进步，人类的活动已成为改变自然界的不可忽视的力量。长期以来，中学教科书都列出了中国的五大淡水湖：鄱阳湖（27立方千米）、洞庭湖（17立方千米）、太湖（5立方千米）、洪泽湖（1.7立方千米）和巢湖（1立方千米）。但今天，最大的淡水水体却是人类工程建造的三峡水库（39立方千米）。

1919年孙中山提出在长江建坝设想，40年代，国际水利专家多次考察，认为黑云母花岗岩的三斗坪是个上帝赐给人类的最好坝址。但建坝的争论一直持续了75年，激烈程度连毛主席和周总理都难以拍板。即使三峡水利枢纽建成后，关于建坝的争论也没减少。人类的活动已成为改变自然界的不可忽视的力量：人类建造大型水库，水库诱发地震问题；人类建造地下储气库（新疆呼图壁储气库储气的能量相当于大庆油田一年产出石油的能量），储气库诱发地震问题；人类开采页岩气，又有诱发地震问题。人类是不再需要改变自然界呢？还是要克服和解决自然界新变化中出现的新困难和新问题？这就是我担任专家组组长时的哲学思考。

能否在页岩气开采的同时，减少大地震发生，减轻地震灾害，成为地震科学和新能源持续开发迫切需要回答的问题。专家组的最终意见是"保开采，避灾害"。用目前的技术方法，页岩气开采，引起当地地震活动的增加，是个大概率事件，完全避免任何地震活动的增加是件十分困难的事情。地球上记录到的天然地震每年超过百万次，绝大部分是对人类生存无害的小地震。页岩气开采出现的小地震对人类造不成灾害，不用理会它，问题在于引起灾害的大地震。因此，科技的重点是"宽容小地震，防止大地震"。这就是"保开采，避灾害"的基本思想。

在给国务院的建议中，我提出了"短期建议"和"长期建议"。

短期建议：国家层面组成"页岩气开采关键技术"工作组，产、学、政府相结合，设定可接受的地震活动阈值，建立交通信号灯系统：无震或小震——绿灯，正常生产；接近阈值——黄灯，包括减小注水速率或注水压力；达到阈值——红灯，停止生产。既做到小震不影响生产，又做到避免地震灾害。走出我国页岩气能源的发展之路。页岩气开采等新能源发展中可能出现的地震灾害，应成为国家防震减灾的重要组成内容。在页岩气开采前布置高科技的观测系统，联合项目组的流动观测系统应成为国家"地震科学实验场"的重要组成部分。

同时提出了长期措施：用气体爆轰代替水力压裂。人工诱发地震引起社会的广泛关注。应该尽快开展人工诱发地震机理与灾害评估的超前理论与实验研究，为未来重大工程的建设提供科技支撑。

能源是世界各国面临的重要问题，发展新能源给传统的科技带来了新的挑战和新的机遇，尽管未来的道路不会很平坦，但我相信，岩石物理学的研究一定会有助于克服和解决自然界新变化中出现的新困难和新问题。

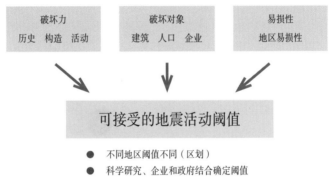

由企业、政府和科研单位共同确定可接受的地震活动阈值

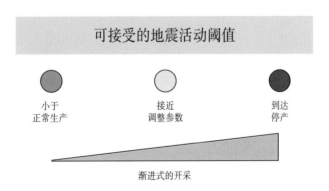

英国政府出台了的"红绿灯政策（traffic light policy）"，规定可导致M0.5级以上地震的压裂活动必须停止，目前英国页岩气活动几乎停滞。现行的"红绿灯政策"必须改进

第五章

管理工作十二年

真的没想到

1950年，中国科学院对"中央"研究院24个单位接管，其中气象、地磁、地震等部分合并建成地球物理研究所，1966年，分建成为5个研究所，即中国科学院地球物理研究所、大气物理研究所、应用地球物理研究所（西安，后归属七机部）、兰州地球物理研究所和昆明地球物理分所。1971年，国家地震局成立，地球物理所被划归国家地震局建制，并脱离中国科学院。

1984年，41岁时，我被任命为国家地震局地球物理所所长。这是我完全没想到的事情。研究所当时有4位学部委员（后来改称"院士"），十几位研究员多是北大、清华等著名大学的高才生，是我的大哥大姐。不但如此，当时研究所所长是由国务院总理任命。除了努力工作外，我没有任何选择。上任后，大刀阔斧地做了两件事：软件方面，在国内率先引入基金制；硬件方面，建了科研新大楼。

任命陈颙为国家地震局副局长

总理 李鹏

1988年7月7日

第 08294 号

20世纪80年代，国家地震局地球物理研究所的所长和地震局的副局长都是由国务院总理任命的

地震科学联合基金

1944年11月17日（第二次世界大战即将胜利结束），美国总统罗斯福给战时科学研究发展局局长布什写信，要求他就如何把战时的经验和教训运用于即将到来的和平时期提出意见。1945年布什提出了《科学——没有止境的前沿》的回答报告，主要建议是建立"国家研究基金会"，用基金制促进基础研究（V. Bush, *Science*: *The Endless Frontier*，中译本《科学——没有止境的前沿》，北京：商务印书馆，2005年）。

1983年，国务院科技领导小组十分重视科技体制改革问题，并希望在一个学科进行试点。为了借鉴美国科学基金制的经验和教训，在国务院科技领导小组和国家科委的支持下，组织了考察小组，由地球物理所派出4人，连同国务院科技领导小组宋必信（科技部秘书长）和财政部赵琨熙（文教司司长）对美国国家科学基金会进行了考察。美方十分重视，安排了里根总统的中文译员张修娴全程陪同并翻译。

随着国家计划经济的转轨，科学研究体制改革的问题提上了议事日程。在国务院科技领导小组的指导下，作为科技体制改革的试点，地球物理所在1984年成立了面向全国的"地震科学联合基金"，由地球物理所出资300万，这是基金制在地震学科的试点。我作为地球物理所的所长，主持了近10年基金的工作。该基金目的是促进地震科学基础研究，基金不具有部门色彩，全国科技人员均可申请，同行评审、择优资助。科学基金制是对基础研究和部分应用研究进行科学管理的一种行之有效的制度。"地震科学联合基金"的建立和对美国国家基金委员会的考察，为中国

考察美国国家科学基金会的中国代表团（1983年）

左起：陈颙、赵琨熙（财政部文教司司长）、宋必信（科技部秘书长）、郭之溪（国家地震局地球物理所党委书记）、邹其嘉（科研处长）

考察美国国家科学基金会的报告

地震科学联合基金会

简 报

第 一 期

1989年度地震科学联合基金
委员会会议在京召开

地震科学联合基金委员会于1989年4月5日在京举行全体会议。出席会议的有基金委员会委员17人，顾问5人，国家科委副主任郭树言同志，马俊如司长，宋必信司长，国家自然科学基金会主任王仁教授，地学部副主任张之非教授和政策局柯剑教授等人出席了会议，并做了重要讲话，国家地震局局长方樟顺同志以及地震局各部门的领导同志也出席了会议，会议由基金委员会副主任陈颙同志主持。

"地震科学联合基金"实施5年后，基金委员会在北京召开全体会议。国家科委副主任郭树岩、国家自然科学基金委员会主任王仁等出席

国家自然科学基金委员会的成立提供了经验。

我真的没有想到，我们这样小小的一个研究所（全国不知道有多少研究所），在科学基金制改革中能起到探路尖兵的作用。这是国家为推动我国科技体制改革、变革科研经费拨款方式做出的重大举措。国务院科技领导小组是活动的总导演，我们是其中的一个演员，只不过是个尽职的演员而已。

随后，在邓小平同志的亲切关怀下，国务院于1986年2月14日批准成立国家自然科学基金委员会。自然科学基金坚持支持基础研究，逐渐形成和发展了由研究项目、人才项目和环境条件项目三大系列组成的资助格局。三十多年来，国家自然科学基金在推动我国自然科学基础研究的发展，促进基础学科建设，发现、培养优秀科技人才等方面取得了巨大成绩。

中国科学基金研究会任职名单

名誉理事长：唐敖庆

顾问：张存浩　师昌绪

理事长：胡兆森

副理事长：袁海波（常务）　陈颙　毕东芬　林文兰　李中和　张知非

常务理事：胡兆森　袁海波　陈颙　毕东芬　林文兰　李中和　张知非
　　　　　郭师曾　高原　刘锡山　张恩诚　范肖梅　颜呈准　朱明权
　　　　　潘奇才　于安成　陈勇　张秀梅　竺玄　程镇登　林泉
　　　　　尹志良　陈森　宁玉田　顾昌跃　许庆瑞　潘振基　于永正

1984年地震科学联合基金成立，1986年国家自然科学基金委员会成立。为了推进科学基金制的发展，随后成立了中国科学基金研究会

地球物理所科研大楼

国家地震局地球物理所自成立以来，一直没有自己的所址，先是在三里河（中科院院部），后是在清华东路（农机学院），到处被赶。在北京市可建科研大楼的最后一天，得到批准并随后建成了3万平方米的科研大楼。

国家地震局地球物理所1985年建成的科研大楼（3万平方米）

科研大楼开工典礼

左起：张劲、秦馨菱、顾功叙、安启元、高文学、林庭煌

在建科研大楼的地面上，观看未来大楼的模型

我的旁边右起：安启元（国家地震局局长）、许绍燮（地球物理研究所副所长）、
王志东（秘书）、胡华国（中国地震局基建处处长）

科技管理十二年（1985~1996年）

在研究所工作热火朝天的时候，1985年我被调到国家地震局工作，又没有想到的是，一干就是十二年。

在国家地震局，我先后分管的是后勤、计划生育、献血、绿化、办公厅、审计、监察、机关服务中心等，从未涉及我所熟悉的科技和外事（1978~1980年，我在美国工作过3年，而且我还担任了许多国际学术组织的领导职务）。

研究生是未来科研的骨干力量，如何录取研究生通常由考试分数决定，差一分都不行，这忽视了指导老师的意见和对研究生对科学热爱程度的评估。我曾在会上举过一个例子。热爱科学的俄国人卡皮查想到英国卢瑟福（诺贝尔奖得主）的卡文迪许实验室进修，卢瑟福说实验室不缺人手。这时，卡皮查问了一个看似不相关的问题，你们实验误差是多少？卢瑟福答百分之二到三，卡皮查说，你们实验室有三十个人，添一个人还在实验范围之内，不会嫌多吧？卢瑟福欣赏他的机智的回答，收下了他。凭借对科学的热爱和卢瑟福老师的帮助，卡皮查1978年获得了诺贝尔物理学奖。我的意见——重视指导老师的意见和对研究生对科学热爱程度的评估——没有受到任何重视。

我希望把国家地震局的学术刊物推向世界，因此将《中国地震》科技期刊与美国地球物理学会联合在全世界发行，效果很好。美方寄来的版权费，由于地震局没有外汇账号（20世纪80年代也无法申请外汇账号），请编辑部主任用个人账号收下，严加保管。作为主编，我因"管理不善"，多次写检查。最后将版权费全部退还，并告知美方，今后我方将免费参加联合出版，所有

点亮地下明灯 陈颙院士自叙

版权费都归美方，事情才告完结。美方对这种"有钱不要"的事始终不理解。

20世纪90年代，领导层中有专业技术头衔的不多。1996年，上级领导找我谈话：你的工作很好，但为了让你集中精力从事科研，所以你不要再做管理工作。在这冠冕堂皇的话的后面，是我

1991年获得国务院颁发的政府特殊津贴的证书

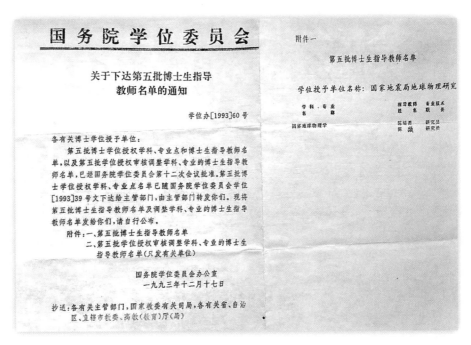

1993年成为博士生指导教师

1993年当选中国科学院学部委员

1998年获得何梁何利基金科学与技术进步奖

点亮地下明灯 陈颙院士自叙

的伤心。但这却是我新生活的开始，高高兴兴的人生转折。

其结果，造成了我科研生活的很大的转变：从地震局走进更广泛的科技界；从管理工作岗位走进科学研究领域。静下心来，扎扎实实，心无旁骛地从事科研工作，这段时间正是我创造力的黄金时期。

1993年，当选中国科学院学部委员（后称"院士"）；

1994～1999年，当选中国地震学会理事长；

1998年，获何梁何利基金科学与技术进步奖；

2006年，获美国地质调查局（USGS）的ISR奖；

2008年，获香港当代杰出华人科学家奖；

2011～2015年，当选中国地球物理学会理事长；

2012～2015年，当选中国科学院地学部主任。

2000年当选第三世界科学院院士

科普工作

不做管理后，我花了很多时间在科学普及工作上面。科学演讲有许多种，一种是前沿性的学术演讲，诺贝尔物理学奖获得者卡皮查描述这种演讲的特点是："95%的听众能听懂演讲内容的5%，5%的听众能听懂95%的内容。"另外一种是科普演讲，要让大多数听众能听懂，而且喜欢听，觉得不但长知识，而且内容与他们也有关，做到群众化、科普化。好的科普报告要在浅显的故事后面，讲出深入的道理、讲出哲理，令人深思。做好科普工作很不容易，站得要高，说得要浅。

自然灾害涉及自然科学、工程科学和社会经济科学，是一个学科跨度很大的新的领域。遗憾的是，当时国内的大学还没有开设这方面的课程。从2004年开始，我在中国科学院研究生院开设了一门公共课程，课程的名称最初叫做"新闻中的自然灾害"（这是受到国外大学课程名称Natural Disasters on the News的影响），受到了学生的普遍欢迎。第二年课程名称改成"自然灾害中的物理学"，最后，定为"自然灾害"。这本教科书由北京师范大学出版社于2007年出版。

在这本《自然灾害》出版后，为了增加科普性，分别出版了可读性更强的几本小册子：《地震灾害》《海啸灾害》《火山灾害》《空间灾害》《减轻自然灾害》等。

除了写科普书籍以外，我把教书和演讲也看成是做科普工作。特别提醒听众两件事情：第一，做科研工作兴趣要宽，知识面要广。20世纪末，学科越分越细，每个小学科里都有看不完的书和文献，根本无暇顾及别的学科的进展，视野不宽一定影响

这本书涉及地震、海啸、火山、气象、洪水、滑坡和泥石流、空间灾害等多种自然灾害，我们用地球的外部能源（太阳能）和内部能源（地热能）为主线，介绍各种灾害的原因和变化特点，从地球系统角度，介绍了灾害的大小和其破坏力量。这是面向大学生的全彩色的教科书，为了让学生买得起，我们放弃了版权和稿费。据不完全统计，本书多次再版，十年中书的印数近百万本

民政部部长出席《自然灾害》教材首发式（2017年10月11日）

你的研究深度和创新能力，这是科学的悲哀。我的科普著作和科普演讲尽量起到扩大视野的入门作用。我曾经做过的科普内容包括：

  ——非线性科学：分形与混沌；

  ——Radon变换和CT技术；

  ——B超和成像；

  ——测震技术及其应用；

  ——太阳和地热——地球变化的能量来源等。

第二，做自然科学研究的人，特别是从事应用研究或应用基础研究的人，学习和读书的时候，不但要钻得进去，还要停住了想一想，"学而不思则罔"。钻得进去，也容易出得来。出来得容易，就有新思想。

2018年后出版的书

发表的部分科普文章

第一作者	题名	刊名	发表年
陈颙	灾害研究	世界科学	1988
陈颙	地震及其灾害的减轻（上）	知识就是力量	1997
陈颙	地震及其灾害的减轻（下）	知识就是力量	1997
陈颙	地震、地震灾害和我们	城市防震减灾	2000
陈颙	人类活动和自然灾害	防灾博览	2001
陈颙	地震与地震灾害	科学	2001
陈颙	防震减灾与社会发展	中国减灾	2004
陈颙	海啸的物理	物理	2005
陈颙	海啸的成因与预警系统	自然杂志	2005
陈颙	邢台地震现场的几件事——纪念邢台地震40周年	城市与减灾	2006
陈颙	亲历唐山大地震	科学	2006
陈颙	自然灾害的预测预警	防灾博览	2009
陈颙	洪水灾害与防御	防灾博览	2009
陈颙	汶川地震并非由水库引起	科学世界	2009
陈颙	我在唐山地震现场	科技导报	2017
陈颙	直面地震预防为主	科学24小时	2018

第六章

一些照片

学术界的老师、朋友

曾融生

秦馨菱

丁国瑜

马在田

傅承义

刘光鼎

和傅承义（右一）、翁文波（右二）、刘光鼎（右四）参加地球物理研究所所庆（1990年）

给王仁教授过生日（1991年）

国际地震预报和灾害评估委员会在以色列开会期间，以色列Shapira教授全程陪同我在以色列参观，为了安全，他还佩戴手枪（1993年）

和刘光鼎先生一起共同过20年"联合生日（刘先生12.28，我12.31）"（1999年）

左起：葛洪魁，张福勤，刘杰，李娟，宋晓东，刘光鼎，我，欧阳自远，陈凌，陈棋福，吴晓东

继涂光炽、徐冠华、孙枢、秦大河等院士之后，
担任中国科学院地学部第十届常委会主任（2002年1月）

和刘光鼎先生一起过生日（2006年12月29日）

与白春礼在印度新德里参加第三世界科学院院士大会（2002年10月24日）

与郭正堂（左一）、朱日祥（左三）、郭建（右一）在柬埔寨吴哥窟（2013年1月2日）

点亮地下明灯 陈颙院士自叙

和白春礼（左一）、孙枢（左三）、马国馨（右一）在井冈山（2002年8月16日）

和日本东北大学赵大鹏一家爬长城（2004年4月9日）

考察燕山地区克拉通破坏与中生代岩浆-构造演化（2013年7月16日）

和美国科学院院长、卡特总统
科学顾问Frank Press

和孙枢（左一）、曾庆存（左
二）、发展中国家科学院院长
Salam（左三）

和俄罗斯、美国、法国科学院
院士Vladimir Keilis-Borok

和日本地震学家茂木清夫（右二）

和黄廷芳教授（纽约大学石溪分校）、吴汝山（加州大学）、王水院士在云南天文台

和吴汝山教授一起在加州的"怪屋"体会重力异常

和学生们

1983年2月学生们在木樨地的家中

左起：杨咸武，戴恒昌，加州大学教授（佚名），我，我女儿，赵晓敏，陈丹玫，姚存英

1987年与研究生韩彪

1998年与研究生陈凌（左一）、陈棋福（右一）

做研究生（刘杰、陈凌）结婚的主婚人。我不但是老师，也是研究生的朋友和家长

研究团队（CRG）年会（2005年2月25日）

研究团队（CRG）爬香
山（2005年10月19日）

齐诚博士学位论文答辩（2006年5月25日）

和学生们一起过生日（2017年12月27日）

前排左起：郑勇，葛洪魁，徐平，欧阳彪，杨杰英，我，田柳，陈凌，黄辅琼，王宝善

后排左起：孙安辉，宋莉莉，王伟涛，张尉，罗桂纯，李娟，齐诚，杨微，李闯锋，李璐，胡久鹏

点亮地下明灯 陈颙院士自叙

我与工作

2004～2019年担任中国科学技术大学地球与空间科学
学院院长

请教南开大学葛墨林院士（2005年6月15日）

北京顺义可控震源试验（2006年1月12日）

请教郑州物探中心张先康先生（2005年12月18日）

点亮地下明灯 陈颙院士自叙

在塔里木沙漠现场讨论（2009年5月29日）

请教郑哲敏院士（2012年8月7日）

到台湾进行学术交流（2014年10月30日）

22名院士参观主动源基地（2014年11月26日）

"地学长江计划"安徽实验启动仪式（2015年10月10日）

云南大理院士工作站挂牌（2015年11月25日）

人工震源11小队成立仪式，"11"的名字来自"一心一意"（2016年3月）

我与生活

访问地震台站时，下厨房做拿手菜（1991年9月20日）

参加塔吉克–加尔姆地震预报试验场会议时，在高原上游泳（50岁）

办公

听课

大学毕业30年同学聚会（1995年）

听报告

点亮地下明灯 陈颙院士自叙

我与老伴登上北京驴友常去的黄草梁（2008年10月2日）

水平很差，但打了30年网球

情不知所起，一往情深！
2018年12月19日于仙林

我与老伴在仙林（2018年12月19日）